U0190283

变化环境下流域超标准洪水综合应对关键技术研究丛书

基于人群属性动态反馈驱动的应急避险技术

■ 黄艳 李安强 李昌文 等 著

长江出版社
CHANGJIANG PRESS

图书在版编目（CIP）数据

基于人群属性动态反馈驱动的应急避险技术 / 黄艳等著 .
—武汉 ：长江出版社，2022.1
（变化环境下流域超标准洪水综合应对关键技术研究丛书）
ISBN 978-7-5492-8165-7
Ⅰ . ①基… Ⅱ . ①黄… Ⅲ . ①洪水 - 水灾 - 应急对策 Ⅳ . ① P426.616

中国版本图书馆 CIP 数据核字 (2022) 第 017763 号

基于人群属性动态反馈驱动的应急避险技术
JIYURENQUNSHUXINGDONGTAIFANKUIQUDONGDEYINGJIBIXIANJISHU
黄艳等 著

责任编辑： 郭利娜 杨芷萱
装帧设计： 刘斯佳
出版发行： 长江出版社
地　　址： 武汉市江岸区解放大道 1863 号
邮　　编： 430010
网　　址： http://www.cjpress.com.cn
电　　话： 027-82926557（总编室）
027-82926806（市场营销部）
经　　销： 各地新华书店
印　　刷： 湖北金港彩印有限公司
规　　格： 787mm×1092mm
开　　本： 16
印　　张： 12.25
彩　　页： 4
字　　数： 304 千字
版　　次： 2022 年 1 月第 1 版
印　　次： 2023 年 7 月第 1 次
书　　号： ISBN 978-7-5492-8165-7
定　　价： 118.00 元

总前言

PREFACE

流域超标准洪水是指按流域防洪工程设计标准调度后，主要控制站点水位或流量仍超过防洪标准（保证水位或安全泄量）的洪水（或风暴潮）。

流域超标准洪水具有降雨范围广、强度大、历时长、累计雨量大等雨情特点，空间遭遇恶劣、洪水峰高量大、高水位历时长等水情特点，以及受灾范围广、灾害损失大、工程水毁严重、社会影响大等灾情特点，始终是我国灾害防御的重点和难点。在全球气候变暖背景下，极端降水事件时空格局及水循环发生了变异，暴雨频次、强度、历时和范围显著增加，水文节律非平稳性加剧，导致特大洪涝灾害的发生概率进一步增大；流域防洪体系的完善虽然增强了防御洪水的能力，但流域超标准洪水的破坏力已超出工程体系常规防御能力，防洪调度决策情势复杂且协调难度极大，若处置不当，流域将面临巨大的洪灾风险和经济损失。因此，基于底线思维、极限思维，深入研究流域超标准洪水综合应对关键科学问题和重大技术难题，对于保障国家水安全、支撑经济社会可持续发展具有重要的战略意义和科学价值。

2018年12月，长江勘测规划设计研究有限责任公司联合河海大学、长江水利委员会水文局、中国水利水电科学研究院、中水淮河规划设计有限责任公司、武汉大学、长江水利委员会长江科学院、中水东北勘测设计研究有限责任公司、武汉区域气候中心、深圳市腾讯计算机系统有限公司等10家产、学、研、用单位，依托国家重点研发计划项目“变化环境下流域超标准洪水及其综合应对关键技术研究与示范”（项目编号：2018YFC1508000），围绕变化环境下流域水文气象极端事件演变规律及超标准洪水致灾机理、高洪监测与精细预报预警、灾害实时动态评估技术研究与应用、综合应对关键技术、调度决策支持系统研究及应用等方面开展了全面系统的科技攻关，形成了流域超标准洪水“立体监测—预报预警—灾害评估—风险调控—应急处置—决策支持”全链条综合应对技术体系和成套解决方案，相关成果在长江和淮河沂沭泗流域2020年、嫩江2021年流域性大洪水应对中发挥了重要作用，防洪减灾效益显著。原创性成果主要包括：揭示了气候变化和工程建设运用等人类活动对极端洪水的影响规律，阐明了流域超标准洪水致灾机理与损失突变和风险传递的规律，提出了综合考虑防洪工程体系防御能力及风险程度的流域超标准洪水等级划分方法，破解了流域超标准洪水演变规律与致灾机理难题，完善了融合韧性理念的超标准洪水灾害评估方法，构建了流域超标准洪水风险管理理论体系；提出了流域超标准洪水天空地水一体化应急监测与洪灾智能识别技术，研发了耦合气象—水文—水动力—工程调度的流域超标准洪水精细预报模型，提出了长—中—短期相结合的多层次分级预警指标体系，建立了多尺度融合的超标准洪水灾害实时动态评估模型，提高了超标准洪水监测—预报—预警—评估的时效性和准确性；构建了基于知识图谱的工程调度效果与风险互馈调控模型，研发了基于位置服务技术的人群避险转移辅助平台，提出了流域超标准洪水防御等级划分方法，提出了堤防、水库、蓄滞洪区等不同防洪工程超标准运用方式，形成了流域超标准洪水防御预案编制技术标准；研发了多场景协同、全业务流程敏捷响应技术及超标准洪水模拟发生器，构建了流域超标准洪水调度决策支持系统。

本套丛书是以上科研成果的总结，从流域超标准洪水规律认知、技术研发、策略研究、集成示范几个方面进行编制，以便读者更加深入地了解相关技术及其应用环节。本套丛书的出版恰逢其时，希望能为流域超标准洪水综合应对提供强有力的支撑，并期望研究成果在生产实践中得以应用和推广。

2022年5月

前言

PREFACE

针对传统避洪技术的防洪风险动态识别能力不足、风险人群识别追踪预警手段落后、实时洪灾避险路径优化技术匮乏、应急避险决策支持平台缺乏等四大“卡脖子”问题，本书进行了全面、深入、系统的研究和实践应用，取得了如下创新成果：

(1)提出了适应不同分/漫/溃情景的水动力学模型快速构建技术与洪水风险动态评估技术，可动态确定避洪转移范围和洪峰到达时间、淹没深度、淹没历时等风险要素。

(2)研发了对洪水风险区域内不同属性人群的精准识别、快速预警和实时跟踪技术，可满足避险转移时间、路线、安置点等信息的快速实时传递。

(3)研发了人口避险转移路径、安置点等安置方案的动态优化技术，提高了转移安置的实时性、时效性和有效性。

(4)研发了基于人群属性动态反馈驱动的防洪应急避险决策支持平台，实现了应急避险全过程、全要素的实时精准调度与智慧管理，填补了相关领域的技术空白，促进了我国洪水风险应急避险与转移安置技术的进步。

提出的“基于人群属性的应急避险智慧解决方案”纳入《水利部智慧水利优秀应用案例和典型解决方案推荐目录》《水利先进实用技术重点推广指导目录》，获得了水利先进实用技术推广证书，该方案能为各流域受洪水威胁的防洪保护区、蓄滞洪区、洲滩民垸、山洪防治区、病险水库及堰塞湖等提供人员避险转移调度，具有重大的科技意义和工程应用推广价值。成果已在长江流域洪水风险图编制、超标准洪水防御预案与蓄滞洪区运用预案编制、2020 年长江流域性大洪水应对、2018 年白格堰塞湖应急处置、荆江分洪区等蓄滞洪区示范模拟中得到成功应用，取得了显著的社会效益和经济效益。

本书是在国家重点研发计划项目“变化环境下流域超标准洪水及其综合应对关

键技术研究与示范”课题五“极端天气条件下流域超标准洪水综合应急措施”(2018YFC1508005)资助下完成。本书共分为7章。第1章介绍了防洪应急避险技术的研究背景,系统分析了防洪应急避险决策支持问题,阐述了本书的研究目的、内容与方法;第2章提出了适应不同分/漫/溃情景的洪水风险快速建模与研判技术;第3章介绍了风险人群精准识别、快速预警与实时跟踪技术;第4章介绍了洪水风险区人口避险转移路径实时动态优化技术;第5章介绍了基于实时动态反馈驱动的应急避险决策支持技术;第6章提出了基于人群属性的应急避险智慧解决方案,并介绍了该方案的使用场景和推广应用情况;第7章总结了本书的创新点,并提出了应急避险技术的推广建议。

全书由黄艳担任主编。第1章由李昌文、黄艳撰写,第2章由黄艳、李昌文撰写,第3章由黄艳、李昌文、王强、张恒飞、陈石磊、王磊、李安强撰写,第4章由黄艳、王强、陈石磊、李昌文撰写,第5章由黄艳、王强、李昌文、陈石磊、王磊、欧阳磊、朱思蓉撰写,第6章由李昌文、李安强、黄艳撰写,第7章由黄艳撰写。全书由黄艳主持,具体由李昌文组稿、统稿,李安强校稿,黄艳核准。书中作者除黄艳为水利部长江水利委员会副总工程师、李昌文为三峡大学教授外,其余均为长江勘测规划设计研究有限责任公司的技术专家。

由于作者水平有限,编写时间仓促,书中还存在着不完善和需要改进的地方,有些问题还有待进一步深入研究,希望与国内外有关专家学者共同探讨,恳请读者批评指正,以便更好地完善和进步。

作　者

2022年3月

目录

第1章 概 况

1.1 研究背景

我国洪灾频繁,巨灾风险集中。新中国成立以后,经过大规模的水利建设,主要江河流域的防洪体系不断完善、整体防洪能力显著提高,常遇洪水得到有效控制,但特大洪水的威胁依然存在,一旦遭遇超过防御标准的洪水,现有堤防、水库等手段仍不能完全控制,需通过蓄滞洪区分洪、洲滩民垸(滩区)行洪、低标准保护区破堤纳洪等措施临时拦蓄部分洪水,降低洪水风险,减轻灾害损失,保障重点防洪对象安全。

受全球气候变化与人类活动交互作用及影响,发生大洪水并导致洲滩民垸行洪、蓄滞洪区分洪、防洪保护区堤防溃决、突发崩岸、堰塞湖等需迅速转移高风险区人口的"黑天鹅"事件概率增大,超过防洪工程体系规划防洪标准或现状防御能力的洪水(简称"超标准洪水")灾害形势日趋复杂。洪水威胁对象、孕灾环境与致灾因子、承灾体脆弱性与暴露量、成灾模式与损失构成、洪水风险特性等均发生了显著变化,人口财富集聚效应导致洪灾规模不确定性剧增,河流行蓄洪空间日渐减少,遇超标准洪水时,"蓄与泄"与"守与弃"面临两难困境,加剧了超标准洪水应急避险的艰巨性和复杂性。洲滩民垸、蓄滞洪区、防洪保护区都存在受淹人群转移避险的可能性,亟待深入研究各区域的防洪应急避险方案。

在新冠肺炎疫情全球蔓延的严峻形势下,许多地区洪灾频发,面临前所未有的"双重挑战",亟须防止疫情灾情叠加。习近平总书记强调"认真研究在实现'两个一百年'奋斗目标的进程中,防灾减灾的短板是什么,要拿出战略举措",坚持底线思维,有效防范风险,全力保障防洪安全。

应急避险是应对超标准洪水的重要非工程措施,包括避险规划、准备、预案、预警感知、疏散撤离、救援避险和个人避洪等内容。防洪应急避险具有较强的时代特征,我国传统意义上通过敲锣、广播等方式进行预警和疏导转移,与不断涌现的新一代信息技术相比,现有科技储备不足,如对变化环境下超标准洪水风险进行快速预判等基础理论及技术停留在研究和规划层面,受数据、计算方式等限制,在实时洪水风险管理中应用较少;对风险人群精准识别与实时预警、避险转移方案优化等关键技术的认知还不深入,应急避险科技支撑能力尚需提升。

1.2 防洪应急避险决策支持问题分析

1.2.1 现有防洪应急避险转移方式和技术

目前，我国编制了各大流域防御洪水方案、干支流洪水调度方案，国家、流域、省、市、县级防汛应急预案，蓄滞洪区运用应急预案，防御山洪灾害预案等专项预案，以及水利工程防洪调度预案、防御超标准洪水预案、江心洲人员撤退预案、重点防洪城市应急预案、水库防汛抢险应急预案等区域预案，防洪保护区、蓄滞洪区、洪泛区、中小河流、城市等重点地区洪水风险图。2020年，各流域编制了超标准洪水防御预案。为指导上述工作，颁布了《洪水调度方案编制导则》《水库调度规程编制导则》《蓄滞洪区运用预案编制导则》《防洪风险评价导则》《洪水风险图编制导则》《溃坝洪水模拟技术规程》《堰塞湖应急处置技术导则》等标准规范。

在经常遭受洪水威胁的区域，防洪应急避险一般依据上述方案、预案、风险图识别洪水风险区域，制定应急避险方案，如蓄滞洪区运用预案。以荆江分洪区2019年运用预案为例（避险流程见图1.2-1），在遇达荆江河段100年以上洪水，如1998年型200年一遇洪水条件下，将分蓄洪量26.39亿m^3、最大分洪流量7700m^3/s、分洪历时120小时，需转移人口39.53万人、机动车9.19万辆。在洪水来临前，需结合区内防洪工程和安全设施现状及问题，制定预警警报、转移安置方案；在分洪运用准备阶段，采用电视、广播、电话、短信、鸣锣、挂旗等多种通信方式或挨户通知等形式迅速传播分洪转移命令，做好危险化学品快速转移、人员财产转移、转移人员接收等准备工作；在转移安置实施阶段，按指定时间完成居民转移清场工作；在分洪阶段，对没有转移出来或落水的人员进行抢救，对临时避洪人员实行转移。

对于上述已有相对成熟可操作预案的区域，在实际运用过程中，存在预案应用条件（如转移预留时间不足、分洪设施设备老旧、安置房屋不够等）问题，影响分洪效果；对于超标准洪水可能涉及的多数防洪保护区等没有预案的区域，遭受洪水威胁时，应急转移可能存在无序行为及效果不佳等情形。

1.2.2 变化环境对防洪应急避险的影响

在新形势变化环境下，降雨、洪水及防洪工程情况往往具有较大不确定性，给现有防洪应急避险技术框架下的转移安置带来极大挑战。下面仍以荆江地区蓄滞洪区为例，分析变化环境对防洪应急避险的影响。

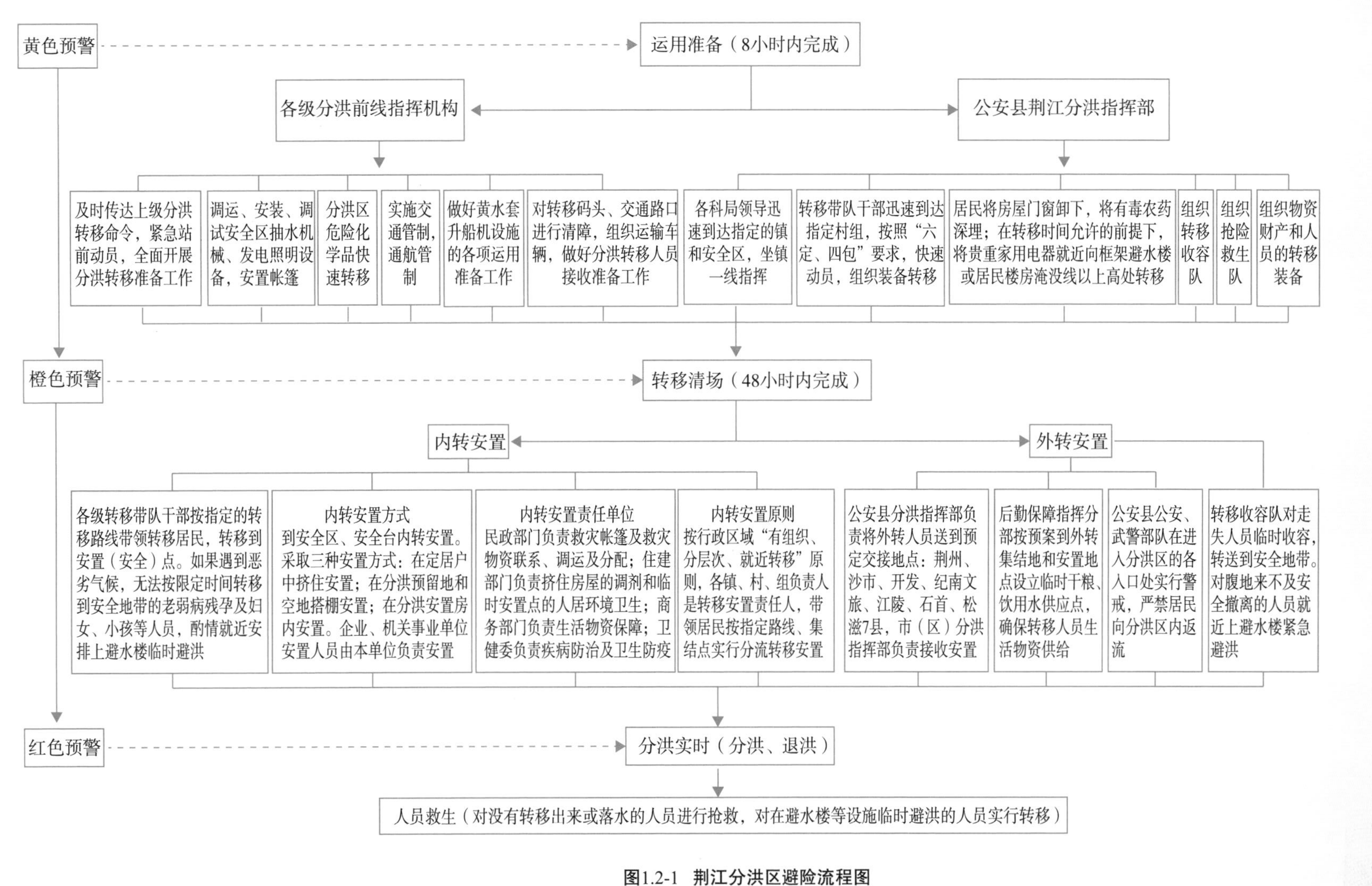

图1.2-1 荆江分洪区避险流程图

（1）水情不确定性的影响

根据《长江流域防洪规划》，荆江河段防洪标准为100年一遇。基于此，荆江分洪区针对1998年型200年一遇洪水，涴市扩大区、虎西备蓄区基于1954年实际分洪情况分别拟定分洪运用预案。但随着长江上游水库群的建成和投运，现有防洪工况下，荆江分洪区、涴市扩大区和虎西备蓄区的启用概率由100年一遇分别下降至300年、1000年和10000年一遇，故遇200年一遇洪水可充分发挥上游水库群的拦蓄作用，而不需启用这些蓄滞洪区。国务院批复的《长江流域综合规划（2012—2030年）》规定："荆江河段对遭遇类似1870年（约1000年一遇）洪水应有可靠的措施保证荆江两岸干堤不发生自然漫溃，防止发生毁灭性灾害。"由于水情的不确定性，如遇1870年洪水、1000年一遇洪水甚至10000年一遇洪水，上述方案将失效，即便在分洪区围堤都安全运行的条件下，按照《荆江分洪区运用预案》，至少需要8小时进行准备、48小时进行转移，而分洪控制站沙市的有效预见期为3～5天，可能存在避险转移时间来不及的风险。已有的洪水风险图为静态"死图"，其以历史洪水数据构建的风险模型难以准确反映实际发生的超标准洪水动态，无法满足应急避险的实时动态风险预判与快速响应及反馈需求。

（2）工情不确定性的影响

目前受上游水库建设运用"清水"下泄、河道非法采砂等影响，长江干流河道冲刷、崩岸加剧；长江干流分流入洞庭湖的松滋口、藕池口、调弦口等支流河道淤积严重（三口河道1952—2003年总淤积量为6.16亿m^3，三峡水库蓄水后虽略有冲刷，但较1952年仍表现为严重淤积）、分流比逐步减少（三口多年平均分流比从1956—1966年的29%减少至2003—2017年的12%）；洞庭湖区经过40年淤积，调蓄洪水能力降低，加大了长江干流防洪压力，遇大洪水时水位抬高，1996年、1998年、1999年和2002年大洪水城陵矶河段均出现超防洪控制水位34.4m的情况；蓄滞洪区内涴里隔堤、山岗隔堤建设未达标，堤防安全隐患依然存在，一旦分洪运用损失巨大。此外，流域内蓄滞洪区长期未运用，北闸启闭设施老化、南闸底板淤塞严重，能否正常运用未经检验，临时进退洪口门工程能否在规定时间内爆破开并达到下泄的分洪流量等未经演练，实际运用时可能发生意料之外的分洪、溃口、漫溢情况。然而，分洪区运用预案虽提及了上述工情的风险，但受时间、经费、技术等限制，目前预案中的分洪预案仍基于偏理想运用工况（即假定分洪、溃口、漫溢方案）拟定，如果发生工程非正常运行或溃堤事件，可能导致转移安置准备及实施时间不够，防洪预案失效。

（3）数学模型不确定性的影响

荆江河段地处复杂河网地区，不同洪水组合下的水动力学条件差异显著，加之蓄泄关系的不断调整和蓄滞洪区下垫面条件的变化，已有的水文、水动力学模型一般为固定配置，难以适应快速变化环境下复杂水情、不确定工情的准确模拟。原有模型往往对洪水、物理边界条件做了较多假定，同时对蓄滞洪区的调度运用及进退洪过程做了简化处理，既不满足如1870年等稀遇洪水边界条件及糙率系数的快速拟定，也不能高效应对水库超蓄运用、河道超堤防设计水位行洪、围堤溃决、隔堤漫溢、安全区(台)或外转安置地溃堤、北闸与南闸非正常运用、临时进退洪口门不按计划扒口等可能出现的各种突发情形。此外,发生稀遇洪水时,决策时间极为紧张,需要及时构建模型,而现有模型计算需要大量预设资料,且耗时长,支撑作用不强,较难在决策需要的短时间范围内(一般1~2天或24小时以内)准确模拟计算洪水风险的时空量多维信息,较难满足实时动态分析评估与快速预判预警,对决策支持效果有限。

(4)人口迁徙不确定性的影响

蓄滞洪区避险人群识别信息化程度低,主要采用调查统计手段登记区内人口信息。然而,受人力、资金等限制,蓄滞洪区内人口无法做到每年都开展调查;同时,遇不同量级的特大洪水,蓄滞洪区的蓄满率差异较大,需转移的人口各不相同,传统调查手段很难快速适应不同分洪需求。

在防御1954年长江大洪水时,荆江分洪区转移人口约17万人,在分洪转移安置期间共死亡2555人;在防御1998年长江大洪水时,政府要求荆江分洪区内33万居民在12小时内完成转移,小于分洪预案中所规定的转移时间24小时,造成一定的慌乱,转移期间有64人死亡,转移损失达12亿元。2018年,荆江分洪区人口已增长至61.36万,但目前安置点仅能安置2万人,大量人员要转移到分洪区周边县(市、区),协调难度大。

受新形势下区内经济社会发展和人员流动等的影响,一旦发生稀遇洪水,很难实时有效获取受灾人群总数及其分布。分洪运用准备至返迁阶段,区内人员频繁出入,难以全面掌控和规范人群转移安置行为,传统调查手段可能出现信息盲点,大量人力复杂统计亦会降低避险人群识别效率,无法快速精准反映运用准备、转移清场、开闸分洪、返迁等全过程中风险人群的属性、流向、安置、返迁进展信息。

(5)预警通信条件不确定性的影响

荆江分洪区内通信专网设备陈旧老化,通信手段单一,已不能满足分洪运用的需要。涴市扩大区、虎西备蓄区地面高程较平,起水时间较快,一旦运用,人员必须尽快转移到安全地带,但目前没有建立分洪通信预警专网,预警完全依靠地方通信和广播电台等设施,难以保证各项分洪指令的及时传递。此外,避险转移通知响应信息化水平低,避险资源尚待集成,预警难以精准到人。一方面,区内群众难以实时直观查阅预警信息、动态地图、撤离安置方案及交通路况等关注信息,受困群众亦难以根据专家意见开展有效自救或等待现场救援;另一方面,各行政区域管理人员难以对辖区群众进行信息准确实时上报与复核校正,准确度得不到保证。

(6)转移安置工程不确定性的影响

荆江蓄滞洪区安全工程建设滞后,荆江分洪区埠河安全区围堤尚未达设计标准,大部分安全台欠高0.5~1.0m,多数砖木结构的安置房破损严重,涴市扩大区、虎西备蓄区安全工程建设至今未启动,在分洪运用中普遍存在着避险无场地、安置无设施、灾后难恢复等问题,加之国家尚未健全有效的补偿保障机制，居民转移安置难度很大。一旦发生预案之外的水情、工情，部分安全区、安全台及外转安置区域都可能受淹，亟待在现有工作的基础上提升转移路线与安置方案的快速识别能力。此外，蓄滞洪区存在转移工程建设不配套、区内有转移死角等突出问题，很难实现快速转移，同时农户拥有的机动车辆和小型运输车辆等迅速增长，仅荆江分洪区就达 9.2 万辆，一旦转移势必造成混乱和拥堵。因此，如何处理好“转移死角＋大规模的人员流动＋海量机动车辆”等源汇及中间动态信息等多源异构数据的汇集与融合应用，给避险组织工作带来了极大挑战，增大了转移安置方案的多目标动态协调难度。

1.2.3 应急避险瓶颈问题分析

基于静态预案、假定情景、预设模型计算、手工填报、传统通信预警等方式的防洪应急避险方案由于手段有限、技术落后，造成防洪风险动态识别能力不足、风险人群识别追踪预警技术落后、实时洪灾避险路径优化技术匮乏、防洪应急避险决策支持平台缺乏等技术问题。

(1)“水”——防洪风险动态辨识与预警响应能力不足

“水”指洪水的淹没范围、水深、流速、历时等风险信息的判别。现有防洪预案主要基于假定分洪溃口方案与洪水淹没情景，即按照防御洪水方案或防汛预案确定分洪闸的启闭时机或分洪口门的爆破方式。以荆江分洪区为例，目前北闸启闭设施老化，南闸底板淤塞严重，能否按照设计过流能力控制下泄没有实战检验，临时进退洪口门工程能否在规定时间爆破开并达到下泄的分洪流量未经过演练。因此，面临极端洪水时，往往面临来水大小及分洪溃口位置不确定性的问题，即可能在分洪闸、分洪口门以外的其他地方发生溃口，溃口的规模也存在较大不确定性，由此带来实际淹没范围和程度的不确定性，进而导致现有分洪区运用预案失效，无法满足应急避险的实时动态风险预判与快速响应反馈要求。现有二维水动力学数学模型在极端洪水条件下的构建与模拟时间长，难以满足快速评估要求，进而影响决策时机，且存在水文水动力边界条件复杂，难以一时有效界定等瓶颈问题；现有一维水动力学数学模型只能计算断面水位，无法给出具体淹没范围。因此，亟待研发适应不同情景的水动力学数学模型的快速构建与求解技术。

我国的防洪风险动态预判在河道内预报精度较高，但是一旦超过堤防设防标准，受限于决策支持系统敏捷搭建能力不够、快速资料获取能力不足，特别是对不同区域变化环境与复杂水力条件下稀遇洪水的动态演进规律及致灾机理认识不够深入等，现有模型无法快速预测计算蓄滞洪区、洲滩民垸、保护区等高风险区域进洪、分洪情况及淹没进程，给及时有效采取措施预警、转移人群带来较大不确定性，亟须研究能适应未知水情与工情、可快速求解超标准洪水风险信息且具有普适性的精细化洪水演进模型。

综上，基于假定情景、预设模型计算的传统静态防洪预案对变化环境导致的水情、工情及灾情不确定性问题适应性不足，无法满足应急避险的实时动态风险预判与快速响应反馈要求。

（2）“人”——风险人群识别与通知响应短板突出

“人”指受灾人群的识别、通知与跟踪。现有防洪预案主要通过电话、广播等方式逐家逐户通知转移，效率较低，转移效果难以掌控。然而，在新的经济形势下，人员流动大，发生极端洪水时，难以快速掌握危险区内人群分布，难以有效地及时通知并实时跟踪需转移的居民。

目前拥有的流域防洪决策支持系统或蓄滞洪区管理决策支持系统，由于洪水风险与居民信息时空叠加能力不足，无法快速确定不同风险等级的受灾人群分布及转移实施时间；另外，缺乏对风险人群的动态快速识别与追踪技术，难以实时有效地获取、全过程动态跟踪避险人群分布及其属性、流向等信息，无法保证风险人群识别的精准性、避险预警的时效性。

随着社会、技术的发展，人们的社会活动越来越多，越来越复杂，而人们从物理世界到线上世界的映射速度也越来越快，越来越精细，从而形成极具价值的位置大数据。位置数据＋时间数据＋事件数据＋场所数据＋人物行为数据＋…＝大数据的无限演绎。目前，位置服务（LBS）市场的发展非常快，相关的拓展应用也层出不穷，如腾讯位置大数据、高德地图、大众点评、滴滴出行、百度糯米、陌陌等。我国位置服务行业已经进入高速发展期。互联网与通信大数据已在政务、民生、医疗、消费、交通等诸多领域得到广泛应用，如腾讯通过 LBS 大数据应用平台服务了地震应急救灾指挥以及香港回归祖国 20 周年庆典勤务、中共湖北省第十一次代表大会勤务、兰州国际马拉松赛、哈尔滨市端午节勤务等大型活动来预防踩踏事故。国内外有关基于 LBS 或人群属性驱动的防洪应急避险技术研究基本属于空白，大部分关于位置服务的研究都集中在纯粹的移动互联网应用场景中，用于防洪应急避险的研究和应用均属少见。如受洪水威胁区域内的人流热力图、人流趋势分析、人流画像等人群属性，可通过互联网及通信运营商分析获得，可帮助实时撤离路径制定和人群疏导，为人群的应急避险提供技术支持。基于位置服务的人群属性分析技术和应用场景，具备应用于极端洪水条件下人群识别的可能性，将是创新应急避险的重大科技应用。但目前国内外采用位置信息服务的防洪应急避险技术研究基本属于空白，集中在导航、购物、广告等纯粹的移动互联网应用场景中，少部分应用于森林火灾、地震灾害等的应急指挥服务；有预案地区人员撤离避险信息化程度较低、通知效率低、应急响应慢、转移安置低效等问题凸显；无预案地区更难以快速确定受影响人群并对其实施高效转移。

电子围栏技术具备应用于人群预警与疏散的可能性，国内外多应用于火车轨道人员越界实时预警、共享单车服务等，尚未应用于洪灾避险预警；既定预案的避险转移准备与实施时间多为单一方案，难以针对不确定性水情、工情和灾情进行调整变化。

综上，基于手工填报、传统通信预警等方式的防洪应急避险方案手段有限、技术落后，新形势下避险人群信息难以实时有效获取与全过程动态跟踪，受灾人群的精准性、避险预警的时效性难以保证。

（3）“地”——实时洪灾避险路径优化技术匮乏

“地”指撤离路径及安置点的辨识与动态调整。现有防洪预案的转移安置主要为向拟定的转移路线和安置点撤离避险，而极端洪水条件下分洪溃口位置及大小、安置容量可能与已有预案差异较大(如荆江分洪区埠河安全区围堤未达到设计标准，杨家厂安全区围堤没有进行堤基渗控处理，大部分安全台台面顶部欠高 0.5～1.0m，分洪时将会被水淹没，无法按照预案要求安置转移居民)。

同时，新形势下避洪转移对象复杂，包括人口、居民财产、企事业单位资产、危险化学品等，人流大、交通工具海量增长，亟须实现大规模流动，人、财、物的多目标动态协调调度及转移路径空间优化，解决交通堵塞难题，难以按时转移到指定安置点。

极端洪水灾害发生时，如何高效、经济地组织风险区内人员的撤离，是一项十分艰巨且意义重大的任务。避险工作中需要考虑的因素很多:安置场所的选择应考虑的各种因素；避洪转移时的转移单元如何确立最合适；如何规划路径最短、耗时最小的路线；如何有效地利用有限的避洪转移资源；转移道路的拥堵状态和优先级问题如何处理等。避险转移路径的动态优化调整是一个多目标协调问题，在分洪转移过程中，受威胁区人群、安置点人群、转移交通工具、转移路径等均在实时变化，海量的人员流动、交通转移、接收安置等源汇及中间动态信息给建模工作带来极大挑战，同时需满足道路等级、安置点容量、转移时间等约束条件，导致避险转移安置方案的多目标协调难度大。现有研究成果多利用静态的人口与交通数据，基于实时人群、交通的洪灾避险模型研究鲜有报道，尚未从根本上解决安置场所容量限制及转移过程中拥堵的问题，未能实际上解决避难迁安的问题。

(4)防洪应急避险决策支持平台缺乏

目前，我国的防洪避险智慧管理缺少系统性平台支撑，大部分蓄滞洪区(如荆江分洪区、淮河沂沭泗流域黄墩湖滞洪区等)具有一些用于信息查询的管理系统，但是信息化和智能化对应急避险的支撑力度不够，无法完全反映避险管控对人群精准识别、准确引导等实际需要，应急避险的决策、管理、组织人员无法从繁杂的数据报表、左右两难的决策中解脱出来，洪水风险、避险人群、安置场所、转移路径的动态互馈及其与应急指挥的结合不深入，亟待探索新技术，全过程、全方位、全要素、动态指导防洪应急避险转移过程。此外，大部分防洪应急避险方案场景展示落后，多采用传统的专题地图方式来展示，在固定大小的图幅里标注转移聚集点、转移线路及转移目的地，对应表格注明每批次转移的人口数量，使用时需打印出来，无法查看局部区域的详情，不方便与避险转移过程中的其他信息动态叠加，无法反映转移的动态过程。

1.2.4 小结

综上，对有预案和无预案地区，如何结合日益发展的信息技术，提出基于实时人群分布情况和效果反馈驱动的综合应急避险技术和方案，值得深入研究。基于人群属性的流域超标准洪水应急避险技术研究及应用在国内外均属少见。传统应急避险技术主要存在防洪风险动态辨识与预警响应能力不足、风险人群信息获取与识别追踪手段落后、实时洪灾避险路径优化技术匮乏、防洪应急避险决策支持平台缺乏等“卡脖子”技术问题，难以适应新形势下避洪转移人流物流大、转移交通工具海量增长、超标准洪水精准管理的新情况，无法满足超标准洪水条件下分洪溃口位置不确定性、撤离路径动态寻优、安置方案动态调整、转移人口实时反馈驱动的要求，即没有解决应急避险中“水”（洪水风险信息预判）、“人”（受灾人群识别追踪）、“地”（撤离路径实时优化）动态反馈驱动的问题（图 1.2-2），难以满足新时代应急避险实时精准管理的新要求。

	传统应急避险方案	现实情况	主要面临问题	避险效果
适应性	国家防汛抗旱应急预案、主要江河及其重要支流防御洪水方案，水库电站防汛抢险应急预案和调度运用计划，蓄滞洪区运用方案和人员转移安置预案，山丘区防御山洪预案，沿海地区防台风预案，水利工程防御超标准洪水预案、江心洲人员撤退预案、重点防洪城市应急预案等关于应急避险防范、手段和技术主要针对本地区，难以推广至其他区域			
“地”	向拟定的转移路线和安置点撤离避险	大江大河防洪治理能力仍待提升，中小河流、蓄滞洪区防洪短板仍旧突出，安置建设滞后	安置容量与预案差异大；转移人流大、交通工具海量增长，难以按时转移	人群转移安置低效，安置效果评估落后
“人”	通过电话、鸣锣、广播等方式通知转移	无论是防洪保护区，还是蓄滞洪区、洲滩民垸、山洪防治区等洪水高风险区，人口增长均较迅速	人员流动大，难以快速掌握区内人群分布并及时通知和实时跟踪转移居民	实时动态人群信息获取手段有限
“水”	基于假定分洪溃口方案与洪水淹没情景	进（出）洪闸老化淤塞，临时进退洪口门能否在规定时间内爆破开并达到下泄流量未经检验	来水大小、分洪溃口位置、淹没范围和程度不确定，分洪运用预案失效	风险预判不及时，避险通知响应慢

图 1.2-2 传统应急避险技术的主要问题

1.3 研究意义

综上，为补齐防洪避险技术短板，避免高风险区人口转移失控等“黑天鹅”事件造成严重经济损失和社会风险，亟待深入研究防洪应急避险技术。随着我国治理体系和治理能力现代化战略的全面实施，防洪应急避险亟须打造智慧化的运行模式，促进应急避险资源的优化与整合。如何创新避险技术，动态审视环境变化引起的风险变化，及早精准辨识洪水风险及避险要素，实现风险人群快速预警、高效转移和妥善安置，对保障“两个一百年”发展战略目标实现具有重要的科学价值和战略意义。

1.4 研究目的

“水”“人”“地”都是实时变化且彼此关联的，急需探索新技术，根据相互间的动态关系实时调整应急避险方案，做好精细化管理。为解决上述技术难题，立足我国流域超标准洪水防御实际，贯彻底线思维和防风险意识，以突破防洪应急避险技术瓶颈，实现避险资源全过程、全要素的实时精准调度与智慧管理，提升应急避险组织实施能力为总目标，紧紧围绕目前防洪应急避险指挥工作所面临的手段有限、技术落后等问题，通过升级现有应急避险技术，引入数模计算、LBS、大数据、人工智能、电子围栏和实时通信等技术，将“水”(洪水风险信息的快速推演)、“人”(风险人群的精准识别、快速响应与实时跟踪)、“地”(安置容量的动态辨识与避险转移路径的优化调整)与应急指挥相结合，提出一种以应急指挥服务为需求目标的应急避险服务技术，研发基于“水—人—地”动态反馈驱动的极端洪水应急避险平台，实现极端洪水条件下洪水风险信息的快速预判与通知响应、风险人群的精准识别与人口安全转移进展的动态反馈、安全撤离路径与撤离时间的自动优选、最优避险转移路径的实时推送，补齐现有后工程时期实时避险的技术短板，为解决洪灾应急避险问题提供借鉴，提高受灾区域人群应急避险的效率和精准性，提升对极端洪水应急避险组织管理和实施能力，最大限度保障极端洪水条件下广大人民群众的生命安全。

项目的研究目的在于解决现有应急避险技术的三大短板问题：①解决传统应急避险技术忽略极端洪水大小及分洪溃口位置与规模不确定性，导致预先制定有应急预案的区域防洪预案失效、没有防洪应急预案的区域风险预判不及时、避险通知响应慢等问题；②解决现有技术忽略新形势下人员流动大，转移人群信息难以实时动态有效获取与跟踪，导致避险转移效率低，转移效果难以掌控等问题；③解决现有应急避险技术转移安置忽视极端洪水条件下安置容量可能与已有预案差异较大，避洪转移人流物流大、转移交通工具海量增长，导致转移过程交通堵塞，难以按时转移到指定安置点等问题。

项目实施后，拟实现具体目标见图 1.4-1。

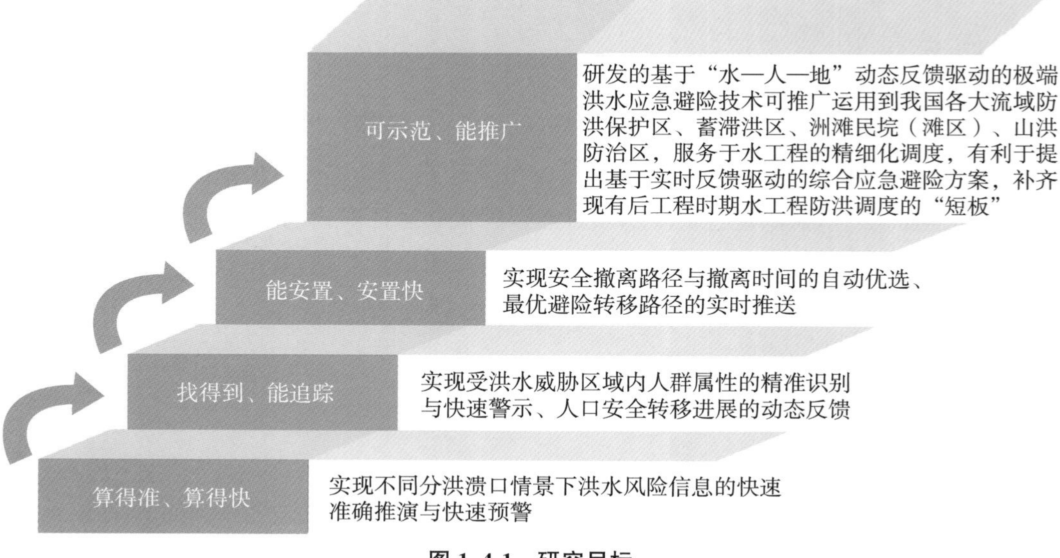

可示范、能推广
研发的基于“水—人—地”动态反馈驱动的极端洪水应急避险技术可推广运用到我国各大流域防洪保护区、蓄滞洪区、洲滩民垸（滩区）、山洪防治区，服务于水工程的精细化调度，有利于提出基于实时反馈驱动的综合应急避险方案，补齐现有后工程时期水工程防洪调度的“短板”
能安置、安置快
实现安全撤离路径与撤离时间的自动优选、最优避险转移路径的实时推送
找得到、能追踪
实现受洪水威胁区域内人群属性的精准识别与快速警示、人口安全转移进展的动态反馈
算得准、算得快
实现不同分洪溃口情景下洪水风险信息的快速准确推演与快速预警

图 1.4-1　研究目标

1.5 研究内容

(1)适应不同分/漫/溃情景的洪水风险快速建模与研判

在现有雨情、水情、工情海量感知体系基础上，集成卫星遥感、无人机、GIS等技术，解决信息获取难题，保证洪水风险预判的准确性和科学性；建立洪水风险快速建模分析算法，快速推演稀遇洪水和各种可能工况组合导致的不确定性分洪、溃口、漫溢位置及规模情景下的洪水风险信息，动态辨识应急避险对象、安全转移道路、应急安置场所等要素，快速确定风险区内避险转移批次及各批次准备与实施的时间。

(2)风险人群精准识别、快速预警与实时跟踪

基于人群画像、人工智能、大数据、云计算等技术，建立无缝连接的基层应急避险工作网格化管理平台，动态绘制涉灾区域与安全区域内人群特征图谱，实时掌握受洪水威胁区域内人员聚集、疏散、受困、安置和返迁等情况，实现新形势下风险人群的精准识别、实时监控与全过程跟踪，实现避险对象的点对点信息传送和风险区内、区外人群的快速预警，实时引导人群转移和现场救生，提升洪灾风险规避能力，提高公众预警服务能力，增加预警的时效性和精准性。

(3)洪水风险区人口避险转移路径实时动态优化

基于人工智能、优化算法和GIS，综合考虑道路等级与安全性、转移路线耗时、供需平衡、道路拥堵等约束因素及转移流向信息动态变化，提出基于实时人群属性的应急避险转移方案实时优化模型，动态辨识道路拥堵与受淹情况及安置区位置与容量，实时优化转移路径和安置方案，实现“快速转移、妥善安置、确保安全”，提高应急转移效率。

(4)防洪应急避险决策支持系统集成与示范应用

基于“松耦合、易扩展”的设计思路，采用微服务架构，自主研发基于实时动态反馈驱动的防洪应急避险决策支持系统，并在蓄滞洪区、洲滩民垸、防洪保护区等3个及以上不同类型区域示范应用，提出具有普适性的超标准洪水应急避险智慧解决方案。

1.6 研究思路

以洪水风险预判—避险人群识别预警—转移安置方案拟定—应急避险系统研发为主线，融合水文学、水力学、灾害学、信息学、运筹学等多学科理论与前沿技术，采用现场调查、水文分析、水文水动力耦合数值模拟、卫星遥感、无人机、GIS、多源实时LBS(Location Based Service)、大数据、人工智能、云计算、电子围栏、实时通信等方法，采取理论与实践、传统方法与信息化相结合的综合思路，开展超标准洪水精准应急智慧避险决策支持技术研究。该技术包含按照避险信息获取、理论方法研究、系统平台研发、管控措施凝练、流域示范应用五大板块，基于“空天地水”立体监测对溃口(或分洪闸)、水文、人群、灾情等关键信息的提取，研

究可根据不同分/漫/溃情景快速构建水动力学模型与洪水风险动态评估技术，解决风险人群识别及避险人群全过程快速预警和实时跟踪技术、避险转移与安置方案的动态优化技术、应急避险决策支持技术问题，技术路线见图 1.6-1。

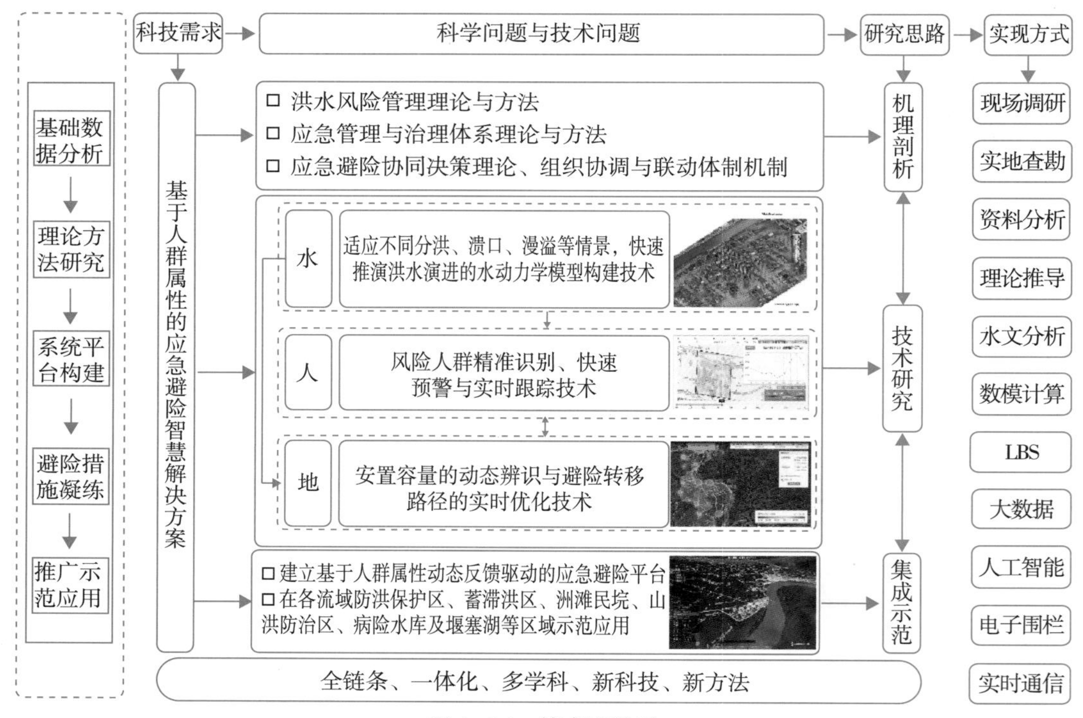

图 1.6-1　技术路线图

以长江流域荆江分洪区麻豪口镇、嫩江流域梅里斯乡、淮河沂沭泗流域皂河镇为例，开展基于人群属性的应急避险智慧解决方案的技术研究与集成示范工作。针对目前人群应急避险方式中的薄弱环节，采取 LBS 技术，开发应急避险技术支持模型，实现对受洪水威胁区域内人口总数及其分布分析，结合洪水预报预警，掌握区域人员聚集、疏散、受困等情况，有针对地对受洪水风险影响人员发出警示，实现撤离路径规划、撤离时间评估、最优避险转移路径推送等分析计算功能，并根据人口安全转移安置等进展反馈进行动态信息推送和调整，辅助洪水影响区域内的人群主动应急避险，提高应急避险效率。

在接入水动力学模型演算成果的前提下，基于 LBS 技术分析受洪水威胁区域内的人群热力图和人群属性；利用移动应用采集人群数据，研究多源 LBS 实时人群数据与移动应用人群数据的融合技术；通过实时通信技术，对受灾人群进行通知预警，通知相关责任人组织撤离工作；结合行政区域空间数据、交通路网、规划的应急避险预案等数据基础，在预测情景和抢险情景两种工况下，研发超标准洪水应急避险模型，计算逃离目标位置的距离，规划最优路径；搭建洪灾应急避险辅助平台，对区域内的人群进行综合分析，对风险区人群进行主动预警，对应急避险预案进行智能管理，对转移路线进行实时动态规划，对人口安全转移的进展进行反馈与跟踪，直到人群完全安全撤离。

(1)风险人群识别技术研究

基于洪水演进模型计算的洪水淹没范围，采用 LBS 技术，即通过移动运营商的无线电通信网络或外部定位方式(如 GPS)获取移动终端用户的位置信息(地理坐标或大地坐标)，在地理信息系统平台的支持下，提供历史和实时的位置流量趋势分析和区域热力图，实时掌握区域人员聚集、疏散、受困等情况，分析受洪水威胁区域内人口总数及其分布。

(2)人群数据融合技术研究

研究多源人群数据融合技术，对互联网(腾讯、百度)LBS 实时人群数据、通信运营商(移动、电信、联通)LBS 实时人群数据、移动应用采集人群数据(含智能手机用户、非智能手机用户、无手机人群)等数据进行融合，提高 LBS 实时人群数据的精度。

(3)风险区人群预警技术研究

研究虚拟电子围栏算法、基于地图服务的 GPS 定位、预警消息推送机制，构建风险区人群预警的技术体系，利用实时通信技术，及时向风险区人群发送洪灾预警消息。

(4)转移路径规划技术研究

以人群分布数据、交通路网数据、地形数据、行政区划数据、安全区安全台空间分布数据、规划应急预案数据等为数据基础，研究基于网络流的洪灾避险转移路线优化模型，同时引入实时人群分布、实时道路拥堵、实时安全区容量、洪水淹没深度等实时数据，对避险转移路径进行实时动态规划。

(5)防洪应急避险辅助平台的研发

集成 LBS 人群属性数据、实时人群融合技术、基于虚拟电子围栏的风险区人群预警技术、基于实时人群属性的应急避险转移安置方案动态优化技术，开发基于 LBS 人群属性动态反馈驱动的防洪应急避险辅助平台，突破现有基于户籍的人员转移方式和技术瓶颈，做到避险转移精确到人，大幅提高了避险人群识别、预警、引导、跟踪及反馈的精准性与时效性。

第 2 章　适应不同分/漫/溃情景的洪水风险快速建模与研判技术

流域超标准洪水一旦发生，将给人民群众的生命及财产带来灾难性的破坏。受降水、地形、地貌、地质、工程调控等影响，水文情势不断发生变化，分洪、溃口、漫溢、淹没位置等存在很大的不确定性，随着水位的不断上涨，人员避险形势将日趋严峻。超标准洪水应急处置时间紧、任务重，在实施人员转移避险时，建立洪水风险快速评估技术体系，实现超标准洪水应急处置信息快速准确获取，是应急避险决策的首要之务。本章提出了适应不同分/漫/溃情景的水动力学模型快速构建技术与洪水风险动态评估技术，动态确定避洪转移范围和洪峰到达时间、淹没深度、淹没历时等风险要素。

2.1　空天地一体化风险区地形数据快速获取技术

在超标准洪水应对过程中，灾前基础地理数据库的建设是进行洪水风险预判和避险救灾的基础，占有极为重要的地位，为了满足综合分析的目的，往往需要不同来源、不同时态的数据。目前，空间地理信息数据主要包括基础地形数据、遥感影像数据、三维实景数据等。当超标准洪水发生后，通常需要迅速定位洪水影响范围，收集整编有效的历史空间地理信息数据，并针对情势的严峻情况安排测绘人员前往现场进行数据采集。

2.1.1　应急避险地形数据需求

超标准洪水形成后，为了评估洪灾风险、辨识避险要素等工作需要，需快速汇集各种精度的基础地形资料、数字高程模型(DEM)资料、遥感影像资料和三维资料等地形数据，具体包括：

(1)基础地形数据

基础地形数据指水下地形数据和陆地地形数据，包括数字地形图数据和数字高程模型(DEM)数据，是洪水演进计算、回水淹没计算、洪灾淹没风险评估等工作的基础。基础地形数据除了保证必要的分辨率和精度外，还需要保证数据覆盖范围的完整性。

(2)遥感影像数据

遥感影像数据包括超标准洪水形成前的遥感影像数据和形成后的现状影像数据，主要用于评估淹没风险及损失。从分辨率方面，应优先获取亚米级的高分辨率遥感影像数据(包括卫星遥感影像和无人机遥感影像)；从时效性方面，应获取离超标准洪水形成过程最靠近的前后两期或多期影像数据，以分析超标准洪水的变化情况和对应急处置的影响；从传感器类型方面，应采用能清晰反映地面特征的传感器(包括光学传感器和雷达传感器等)。

(3)三维实景数据

三维实景数据是一种基于多视角倾斜摄影的三维模型数据，主要用于会商三维空间展示、快速测量、远程展示发布等工作。三维实景数据应在超标准洪水形成后尽快获取，按照1∶500～1∶2000比例尺要求进行现场航飞作业，同时建立准确的空间坐标参考，以便于分析和量算。必须指出的是，在超标准洪水应对中，地形数据获取的方法多样、来源复杂，必须充分考虑上述数据的一致性处理问题，特别是平面和高程基准的一致性，避免因一致性问题导致计算误差。

2.1.2 多源地形数据应急获取技术

在现有雨情、水情、工情海量感知体系的基础上，通过线上、线下多渠道数据挖掘，结合卫星遥感、无人机影像快速获取、机载LiDAR快速应急测绘等技术手段，形成立体多维的对地综合观测体系，实现洪水风险区地形大数据快速获取。利用天基中/高分辨率卫星(如高分四号、北京二号、高分二号卫星等)及无人直升机搭载航摄像机，快速动态采集多分辨率、多时相、多波段、多层次的流域及区域超标准洪水空间数据，对洪水的发展演变趋势进行全天时、全天候远程监控及整体感知，亦为构建大尺度洪水演进模型提供基础信息；利用高分辨率卫星、低空无人机倾斜摄影测量技术，配合地基手段，动态跟踪观测重要防洪保护区、蓄滞洪区、洲滩民垸等局部地区重要监测目标并采集相关指标，快速获取高精度、可量测三维地形模型和全景影像，并基于Web GIS实现高精度地形模型的现场和网络快速发布，为构建溃堤等精细尺度洪水演进模型并识别避险要素及安置区提供数据支撑；采用区域高程基准统一技术，提出多源异构地形数据的一致性处理方法，解决多源异构数据间的"数据阻塞"难题。以上天、空、地不同层次的观测手段相辅相成、互相补充配合，形成立体多维的对地综合观测体系(图2.1-1和图2.1-2)，实现面向超标准洪水的全天候、全天时、全要素的监测。

2.2 洪水风险快速建模分析技术

2.2.1 技术路线

建立洪水风险快速建模分析算法，考虑超标准洪水灾害可能引发的放大性、级联性、突变性等严重后果，快速推演稀遇洪水和各种可能工况组合导致的不确定性分洪、溃口、漫溢位置及规模情景下的洪水风险信息，包括洪水前锋到达时间、最大淹没范围、最大淹没水深、洪水淹没历时等，实现了流域复杂水工程运行条件下洪水发生、发展、致灾、消退全过程的复盘推演和洪灾实时评估。适应分洪、溃口、漫溢等不同情景的水动力学模型快速构建与求解技术流程见图2.2-1。

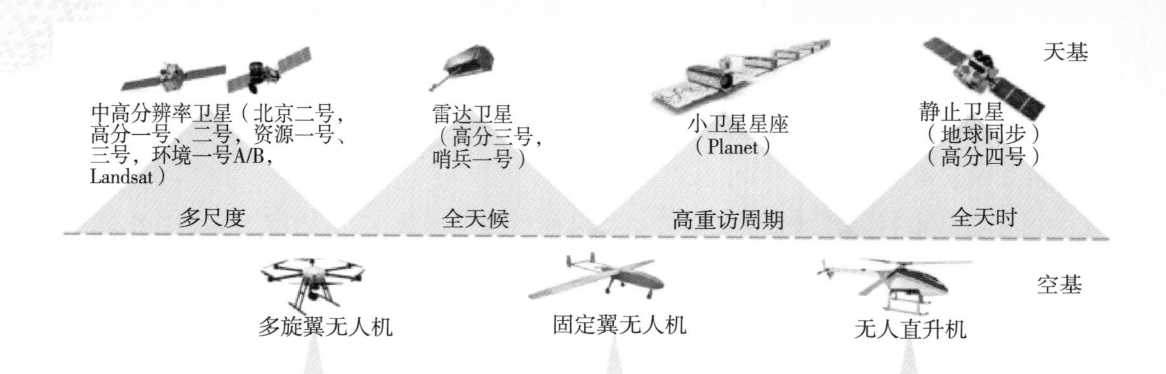

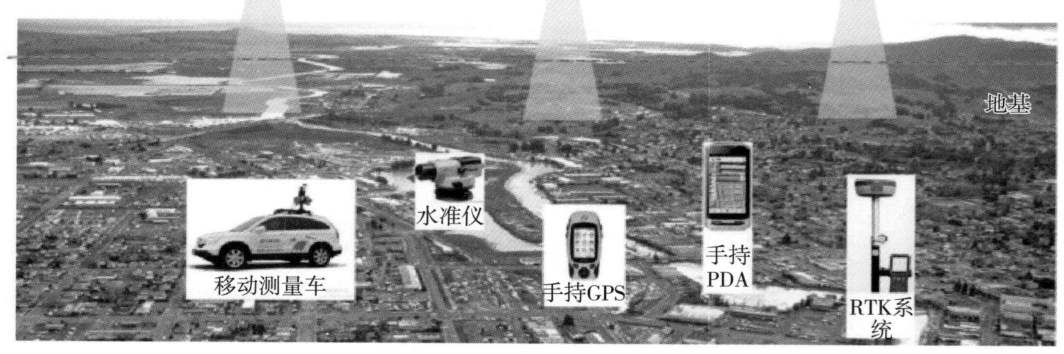

图 2.1-1　超标准洪水天空地协同监测体系

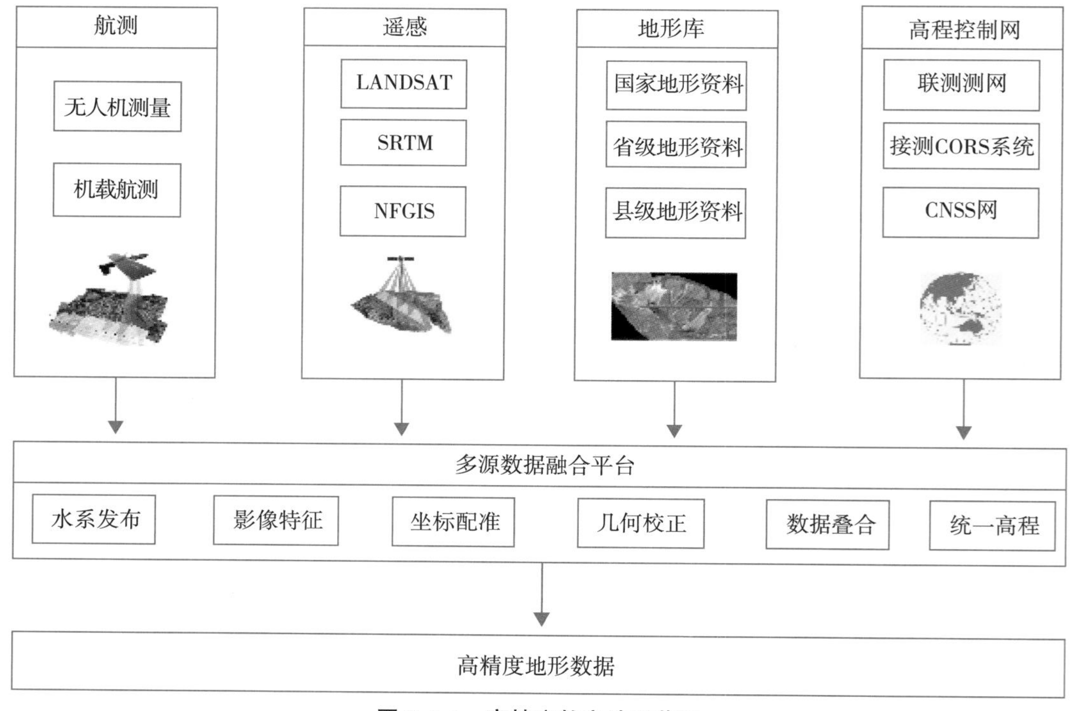

图 2.1-2　高精度数字地形获取

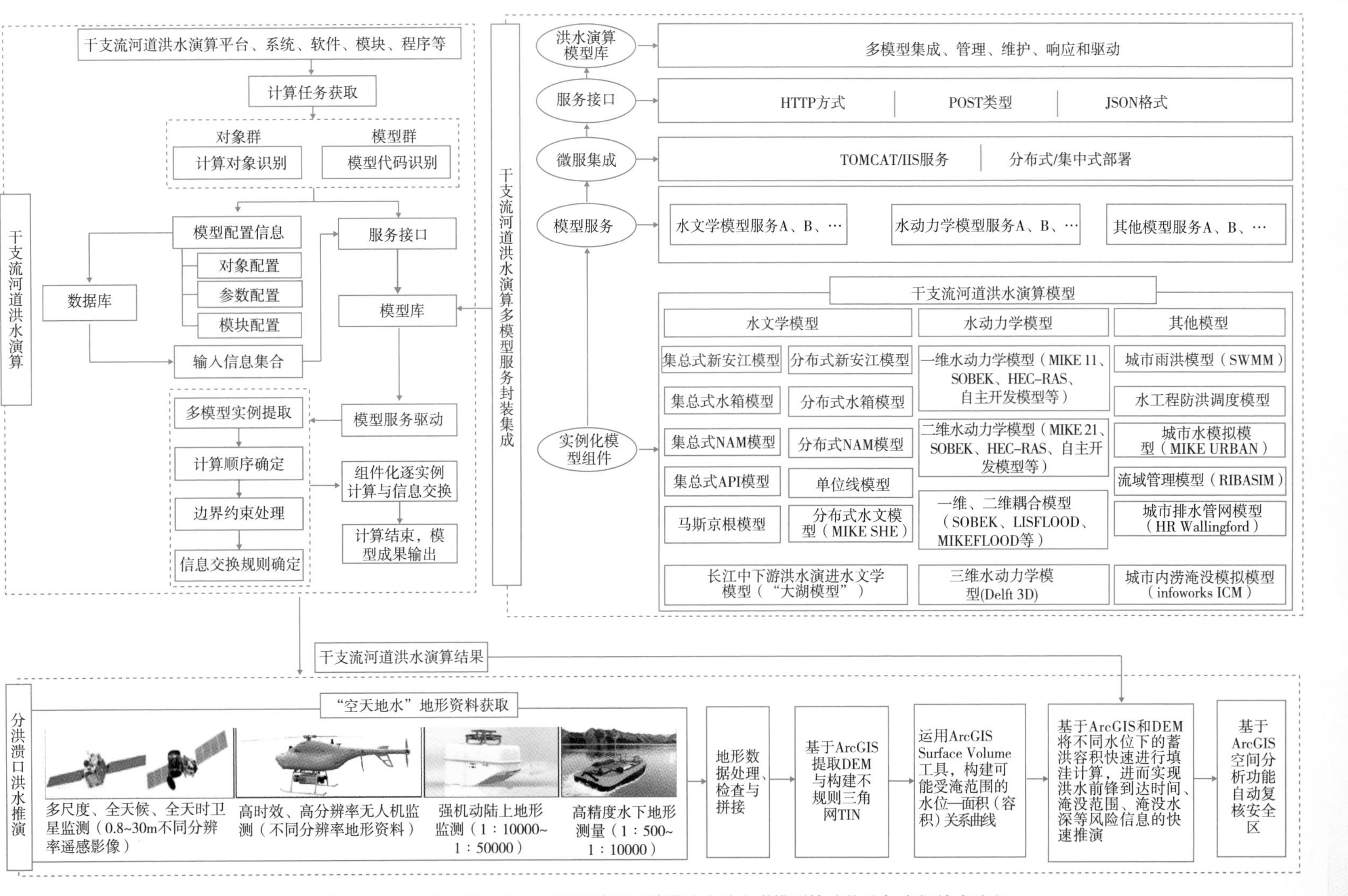

图2.2-1　适应分洪、溃口、漫溢等不同情景的水动力学模型快速构建与求解技术流程

2.2.2 干支流河道洪水演算(河道内)

将组件化、组态化和流程引擎技术及超标准洪水多综合调控计算的敏捷组态方法引入极端洪水河道演算领域,对现有的河道洪水演进模型(水文演算、水动力演算)进行集成,包括子模型组件的分解与封装、模型的组件化耦合和多模型集成三大关键控制环节。基于高复杂度水利模型和应用的微服务分布式构建方法,构建出具有统一标准结构的极端洪水演算模型微服务集群,对相关的专业计算模型全部进行微服务化改造,使每个专业计算模型都能通过统一的微服务模式完成调用和执行,如水工程洪水调度模型、集总式水文模型、分布式水文模型、马斯京根模型、大湖模型、一维水动力河道演算模型、二维水动力洪水淹没模型以及一维、二维耦合模型等微服务。基于流式组态技术,开发干支流河道极端洪水演算的构件库,解决来水和资料条件复杂及计算对象数量大、类型多、时段不一等管理问题,实现极端洪水演算模型的灵活快速业务搭建和高效计算,有效应对极端洪水场景下的不确定性组合计算需求。

收集气象、水文、地形与工程资料,视雨情、水情、地情、工情条件,自主选取最适宜的一种河道洪水演进模型或多种河道洪水演进模型组合计算,快速获取可能受淹区域的外江水位、流量过程,实时动态计算受洪水威胁区域。所述的水文资料包括超标准洪水可能受淹区域的上游来流资料、下游控制断面的水位或水位流量关系、区间旁侧入流资料、可能受淹区域的水位、流域或区域降雨资料等;所述的地形资料包括河网资料、沿程河道大断面资料、可能受淹区域的地形资料等。所述的水文模型包括马斯京根模型、集总式或分布式新安江模型、水箱模型、NAM 模型、SWAT 模型等,主要用于计算上、下游及旁侧入流的水文边界,并开展一定的洪水演算;所述的水动力学模型包括一维、二维以及一维二维耦合模型,主要基于 MIKE 等计算软件构建,用于河道和受淹区域洪水演进模拟,具体计算要素包括洪水淹没范围、淹没水深、淹没历时等风险信息。上述模型可基于超标准洪水多组合敏捷响应技术自由组合,快速搭建为不同场景所需的洪水推演系统,亦可单独使用,计算结果作为其他模型输入条件。

2.2.3 分洪及溃口洪水演算(河道外)

基于二维水动力学数学模型在极端洪水条件下的构建与模拟时间长难以满足快速评估要求进而影响决策时机、水文水动力边界条件复杂难以一时有效界定等瓶颈问题,针对一维水动力学数学模型只能计算断面水位、无法给出具体淹没范围等瓶颈问题提出,通过将传统一维、二维水动力学模型简化,在水文、地形、地理信息和遥感影像等资料收集的基础上,设计了一种耦合了堤防溃漫机理和基于 GIS+数字高程模型(DEM)的水位—面积(容积)实时填洼计算模型,实现河网与受洪水威胁的堤防保护区、蓄滞洪区、洲滩民垸、山洪防治区、水库溃坝及堰塞湖下游影响区等的一维、二维水动力学耦合计算,实现遇稀遇洪水和各种可能工况组合导致的不同分洪、溃口、漫溢位置及规模情景下洪水风险信息的快速推演;在此基础上划分风险区等级，为确定洪水风险区内避险转移批次、各批次转移准备及实施时间提供技术支撑，还可根据灾损曲线等进一步分析可能的洪灾损失，为应急避险提供决策参考。

具体计算过程如下：

1)基于 GIS 和“空天地水”地形资料构建不规则三角网(TIN)，对安全区和可能受淹区域进行高程快速模拟。地形可视现场及资料条件灵活选取，主要包括 1∶2000、1∶10000 等高精度水下与岸上地形测量资料，无人机高清影像监测资料，国内外主要洪灾遥感监测卫星 0.8m、2m、8m、10m、15m、30m 等不同分辨率遥感影像资料。

2)利用已建立的 TIN，运用 GIS 技术的 Surface Volume 等 3D Analyst 工具计算分析并获取不同水位下的面积和容积(图 2.2-2)，构建可能受淹区域任意范围的水位—面积(容积)关系曲线。

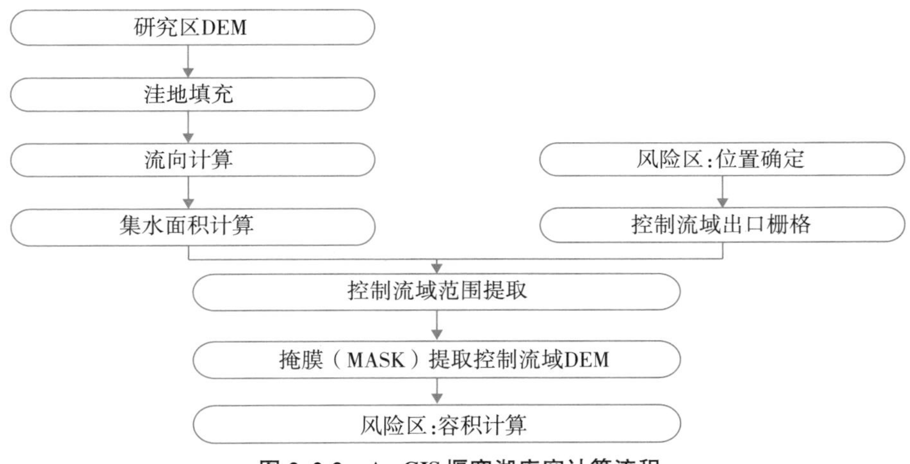

图 2.2-2 ArcGIS 堰塞湖库容计算流程

3)根据可能受淹区域外江洪水过程，基于 GIS 和 DEM(TIN)将不同水位下的蓄洪容积快速进行填洼计算，进而实现洪水前锋到达时间、淹没范围、淹没水深、最大流速、洪水淹没历时等风险信息的快速推演，洪水淹没范围确定以后，基于 GIS 空间分析功能自动复核安全区。

2.2.4 基于一维、二维耦合的超标准洪水实时动态模拟技术

城镇、村庄等人口聚集区往往分布在地形较为开阔的平坦地带，在此类地区开展高精度的堰塞湖溃决洪水淹没损失评估，往往需要知晓超标准洪水淹没水深在研究区的二维分布情况，而一方面，传统的一维河道洪水演进模型无法准确反映水深的沿程、横向分布情况，难以支撑高精度的极端洪水淹没损失评估；另一方面，考虑到应急避险的时间紧迫性，采用计算效率较低且对数据要求较高的二维水力学模型计算超标准洪水的演进过程既不现实也无必要。因此，更合适的做法是根据地形和人口、财产分布情况，在洪水影响区的不同子区域采用不同维度的模型来模拟，充分发挥一维、二维模型各自的优势，达到超标准洪水计算效

率和精确度的最佳综合效果。

基于此，提出了一种基于一维、二维耦合的超标准洪水演进模拟方法，其中洪水在狭长河道内的演进过程采用一维模型描述，而在人口、财产分布密集的岸上开阔地区则采用二维模型计算。创新性采用了水位预测矫正法实现一维、二维模型之间的耦合，该方法将一维、二维模型的耦合节点视为一容器，采用迭代试算的方式使得通过一维和二维模型进出该容器的水量达到平衡，借此确定连接该耦合节点的一维、二维模型在下一计算时步的水位边界条件，从而实现不同维度模型之间的耦合。一维、二维模型的耦合方法见图 2.2-3，耦合模型求解流程见图 2.2-4。该方法综合了一维、二维模型的优点，涵盖了一维河道模型计算效率高、建模简单、易于反应阻水建筑物影响等，以及二维模型计算精度高、下垫面还原度高、可提供淹没区水深分布等优点，可高效、准确地为超标准洪水淹没损失细致评估提供淹没范围及范围内的水深分布。

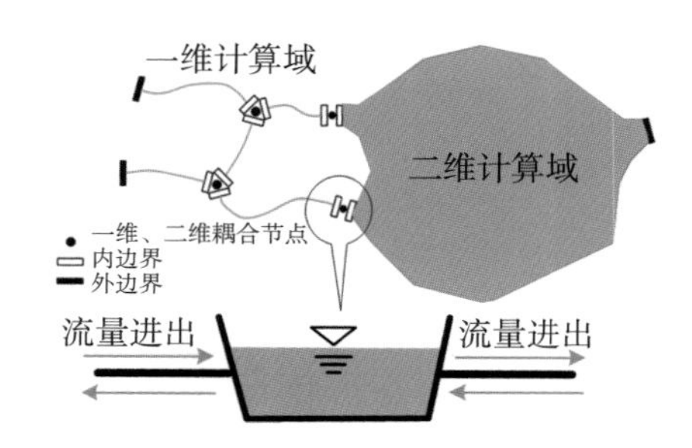

图 2.2-3　一维、二维模型耦合方法示意图

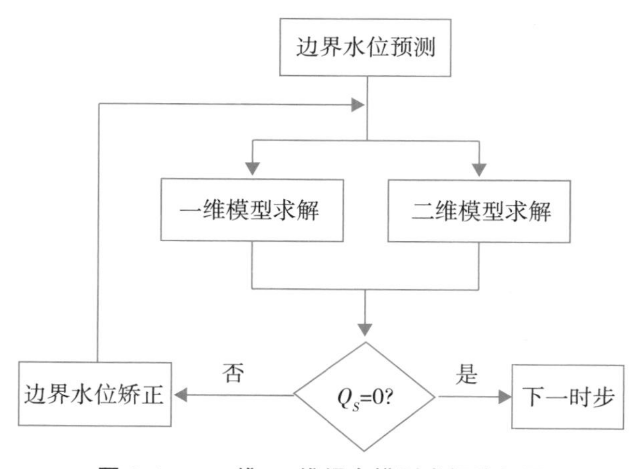

图 2.2-4　一维、二维耦合模型求解流程图

随着水情、工情、灾情等条件以及应急避险方案的变化，需要实时、滚动计算评估超标准洪水演进过程及下游淹没损失。在超标准洪水演进的一维、二维耦合计算模型基础上，实现了水情、工情以及应急避险方案等因素变化条件下的超标准洪水实时、动态模拟技术，并借助于图形处理芯片高效的计算性能，实现了二维模型模拟的并行化，大幅提高了一维、二维耦合模型的计算效率，在第一时间为后方会商、灾情研判和前方应急处置提供洪水水情和淹

没损失信息反馈。

该方法同样适合河道内(水文模型、水动力学模型自由组合搭建)与河道外(GIS+DEM的水位、淹没范围快速实时动态计算方法或二维水动力学模型)洪水的联合演进模拟,并在白格堰塞湖应急处置中得到了应用。

2.3 洪水风险数据库构建技术

在已有或开发水文学、水动力学模型的基础上,考虑地区组成、洪水遭遇、防洪标准等多因素影响,随机模拟各种场景下的超标准洪水,分析工程调度影响与行洪状态要素在河道控制断面、河段或区域的时空关系;结合模拟的多场景流域超标准洪水,采用超标准洪水多组合敏捷响应技术,将不同水情、工情、目标对象(如流域、区域、河流、河段、河道断面、水文站、防洪工程、预报区间等)、模型参数(如产流模型、坡面与河道汇流模型、水库调度模型等)、方案模块(如洪水预报、水库调度、洪水演进、决策分析、溃坝模拟、防洪风险分析等)进行任意组合配置和微服务调用,分析水库群拦洪、蓄滞洪区分洪、河段堤防行洪、涵闸泵站排洪等综合防洪能力,挖掘不同水情、工情、灾情条件下的洪水调控数据深层属性关系,研究覆盖“时、空、量”跨维度效用信息的“水情—工情—灾情”关联图的构建方式(图2.3-1);建立洪水与风险信息关系,形成洪水风险数据库(图2.3-2),并对相应量级洪水灾害进行匹配。

根据适应不同分/漫/溃情景的洪水风险快速建模与研判技术,按照《长江防御洪水方案》《长江洪水调度方案》《三峡(正常运行期)—葛洲坝水利枢纽梯级调度规程(2019年修订版)》《丹江口水库优化调度方案(2020年度)》《2020年度长江流域水工程联合调度运用计划》等长江防洪工程调度运用指导方案确定的工程运用原则和顺序,结合考虑防洪工程体系现状建设情况,根据1870年、1954年来水边界过程进行水工程调度模拟分析计算,复盘1870年、1954年洪水在现状防洪工程体系调度运行后的发生、发展与演进过程。结果表明,现状长江流域再遇1870年型洪水,三峡水库拦蓄洪量188.5亿m^3,三峡以上水库群拦蓄洪量89.18亿m^3,长江中下游超额洪量200.1亿m^3,运用144处洲滩民垸和13处蓄滞洪区行蓄洪,需转移人口257万,淹没面积4724km^2(图2.3-3和图2.3-4)。现状长江流域再遇1954年型洪水,三峡水库拦蓄洪量132.14亿m^3,三峡以上水库群拦蓄洪量99.78亿m^3,长江中下游超额洪量326亿m^3,运用357处洲滩民垸和20处蓄滞洪区行蓄洪,需转移人口453万,淹没面积9073km^2(图2.3-5和图2.3-6)。

■ 水库工程

水库拦蓄流量/拦蓄时长/下游水库水位顶托—下游站点水位降幅/洪峰削减/超额洪量减少影响关系

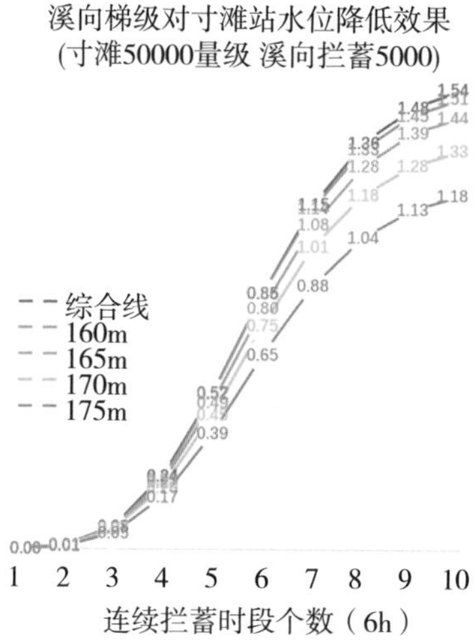

溪向梯级对寸滩站水位降低效果
(寸滩50000量级 溪向拦蓄5000)
综合线
160m
165m
170m
175m
1 2 3 4 5 6 7 8 9 10
连续拦蓄时段个数（6h）

■ 蓄滞洪区

单位蓄洪容积—控制站水位变幅/分洪效率的关系

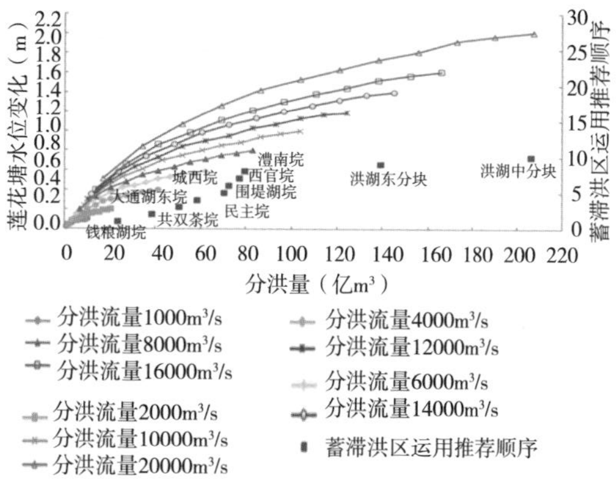

莲花塘水位变化（m）
蓄滞洪区运用推荐顺序
分洪量（亿m³）
澧南垸
西官垸
围堤湖垸
城西垸
民主垸
大通湖东垸
共双茶垸
钱粮湖垸
洪湖东分块
洪湖中分块
分洪流量1000m³/s
分洪流量4000m³/s
分洪流量8000m³/s
分洪流量12000m³/s
分洪流量16000m³/s
分洪流量6000m³/s
分洪流量2000m³/s
分洪流量14000m³/s
分洪流量10000m³/s
分洪流量20000m³/s
蓄滞洪区运用推荐顺序

■ 河道堤防

单个站点防洪控制水位抬升可明显降低本河段超额洪量，但同时会导致超额洪量向上、下游相邻河段转移

防洪控制水位抬升	防洪控制水位（m）				超额洪量（亿m³）				
	沙市	城陵矶	汉口	湖口	沙市	城陵矶	汉口	湖口	合计
	45	34.4	29.5	22.5	0	233	53	39	325
城陵矶站	45	34.5	29.5	22.5	0	212	68	39	319
	45	34.6	29.5	22.5	0	192	83	39	314
	45	34.7	29.5	22.5	0	170	101	39	310
	45	34.8	29.5	22.5	0	153	115	39	307
	45	34.9	29.5	22.5	0	137	130	39	306
汉口站	45	34.4	29.6	22.5	0	237	36	45	318
	45	34.4	29.7	22.5	0	239	29	49	317
	45	34.4	29.8	22.5	0	240	25	53	318
	45	34.4	29.9	22.5	0	240	22	54	316
	45	34.4	30.0	22.5	0	240	5	56	301
湖口站	45	34.4	29.5	22.6	0	233	56	21	310
	45	34.4	29.5	22.7	0	233	57	7	297

■ 洲滩民垸

单（片）洲滩民垸—控制站水位变幅/行蓄洪断面面积变幅的关系

河段	启用条件	洪水位降低值（m）			
		沙市站	莲花塘站	汉口站	湖口站
上荆江河段（7.07亿m³）	沙市站水位44.50m	0.74	0.14	0.15	0.04
下荆江河段（28.28亿m³）	莲花塘水位33.95m	0.30	0.83	0.65	0.12
	莲花塘水位34.40m	0.29	0.80	0.70	0.10
城陵矶河段（7.68亿m³）	莲花塘水位33.95m	0.02	0.19	0.32	0.08
	莲花塘水位34.40m	0.02	0.18	0.31	0.08
武汉河段（5.93亿m³）	汉口水位28.5m	0.00	0.03	0.28	0.10
	汉口水位29.5m	0.01	0.04	0.26	0.09
湖口河段（6.55亿m³）	湖口水位20.5m	0.00	0.02	0.07	0.19
	湖口水位22.5m	0.00	0.03	0.06	0.16

■ 排涝泵站

片区规模排涝流量—控制站水位变幅/河段超额洪量变化的关系

工况		城陵矶		汉口		湖口		渍涝水深（m）	
泵站	限排方案	最高水位（m）	分洪量（亿m³）	最高水位（m）	分洪量（亿m³）	最高水位（m）	分洪量（亿m³）	农田	城镇
2020年泵站建设条件	不限排	34.40	289	29.50	105	22.50	69	0	0
	基础方案	34.40	211	29.50	55	22.50	29	0.35	0
	对比方案1	34.40	209	29.50	54	22.50	28	0.35	0.14
	对比方案2	34.40	205	29.50	49	22.50	26	0.35	0.19

图2.3-1 防洪工程调度运用知识谱图

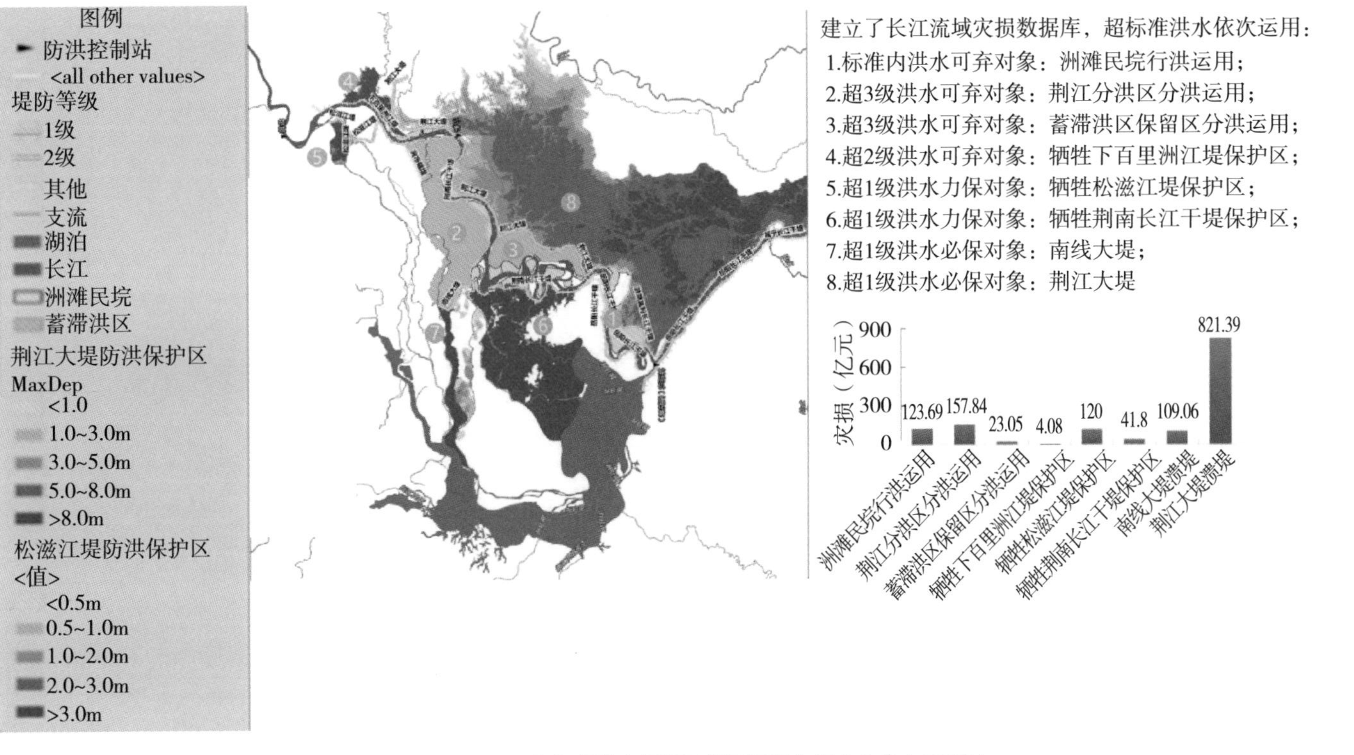

图2.3-2 不同超标准洪水量级下荆江河段灾损大小分布示意图

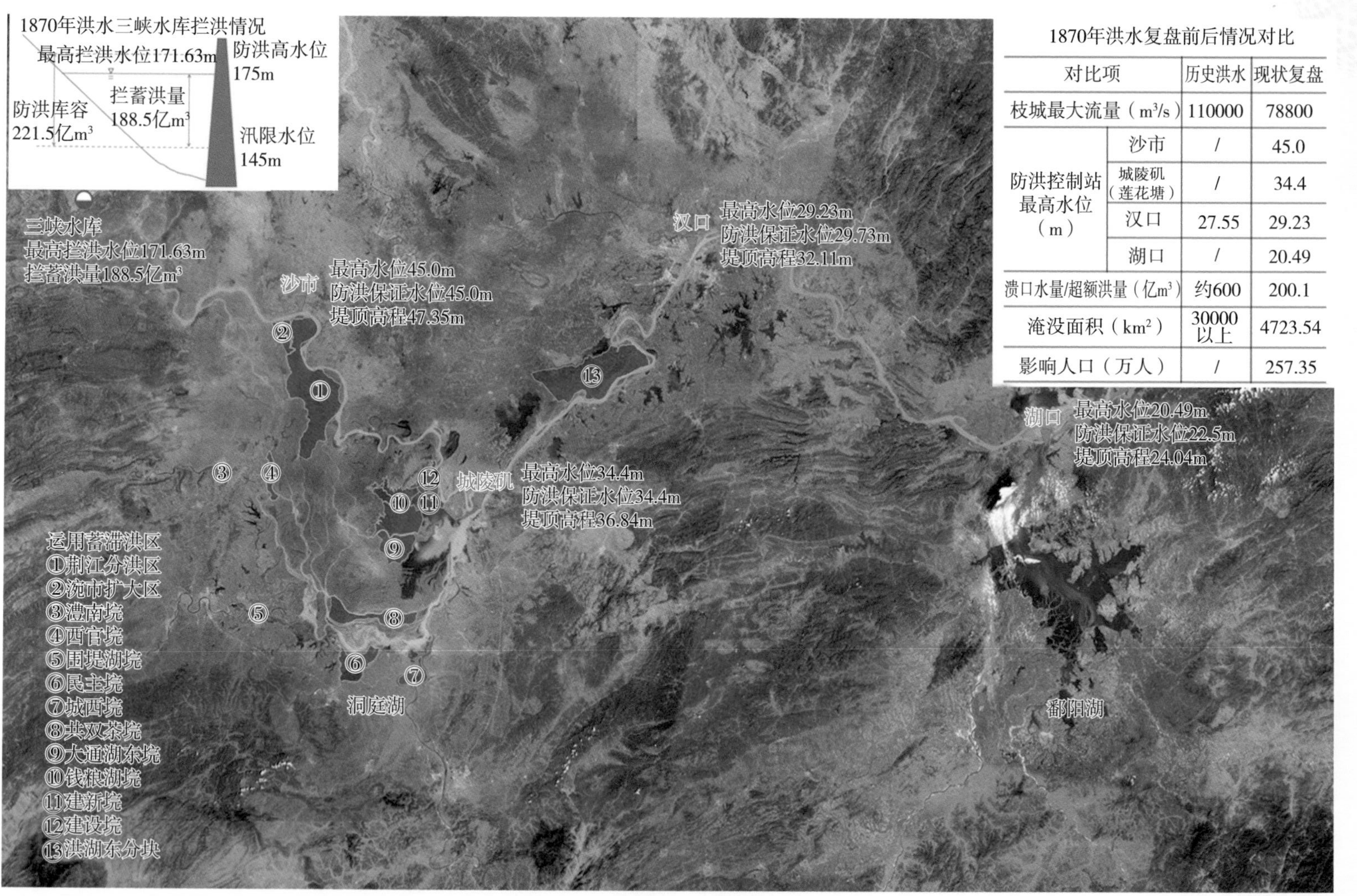

1870年洪水复盘前后情况对比

对比项		历史洪水	现状复盘
枝城最大流量（m^3/s）		110000	78800
防洪控制站最高水位（m）	沙市	/	45.0
	城陵矶（莲花塘）	/	34.4
	汉口	27.55	29.23
	湖口	/	20.49
溃口水量/超额洪量（亿m^3）		约600	200.1
淹没面积（km^2）		30000以上	4723.54
影响人口（万人）		/	257.35

图2.3-3　1870年洪水复盘结果

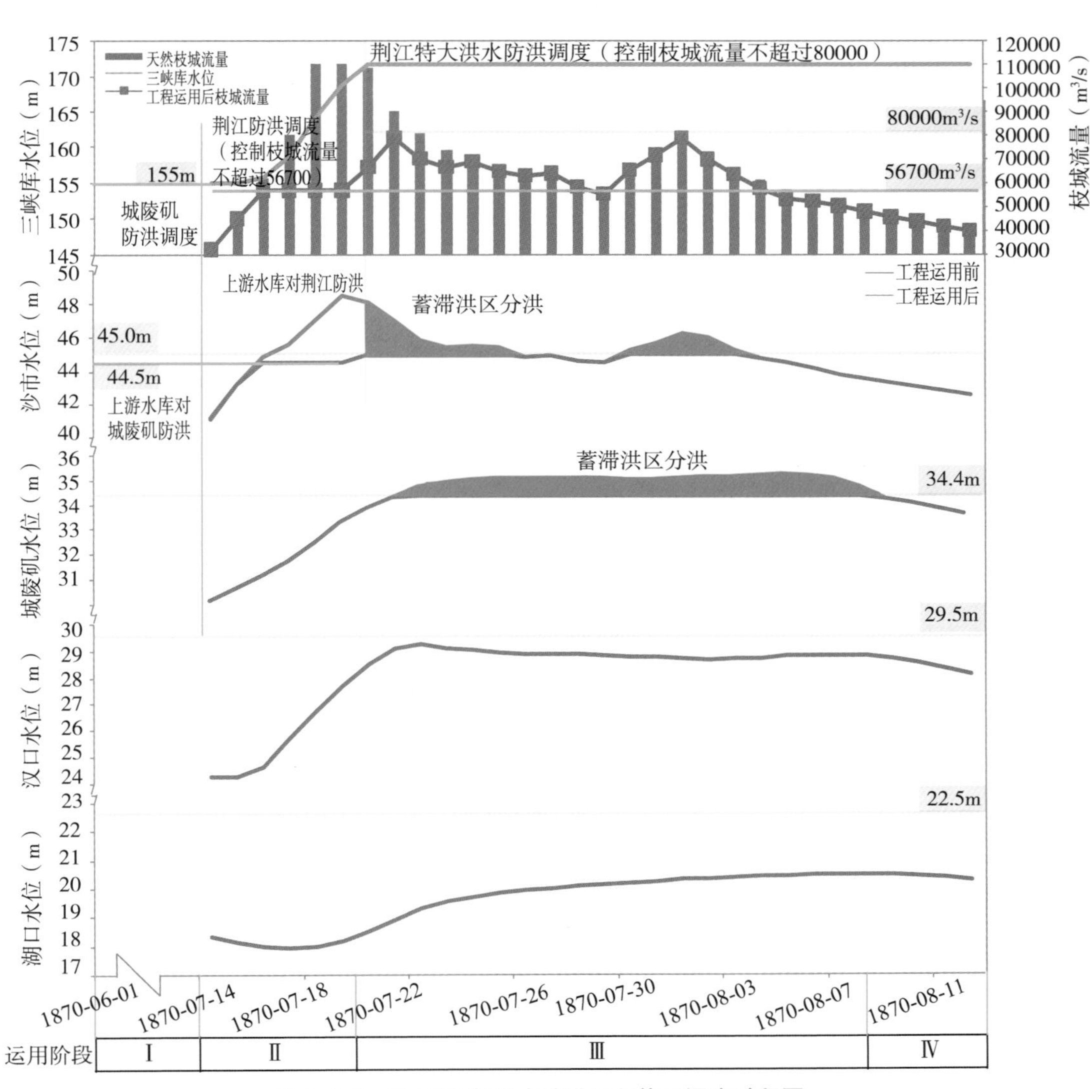

图 2.3-4 遇 1870 年洪水防洪工程体系调度过程图

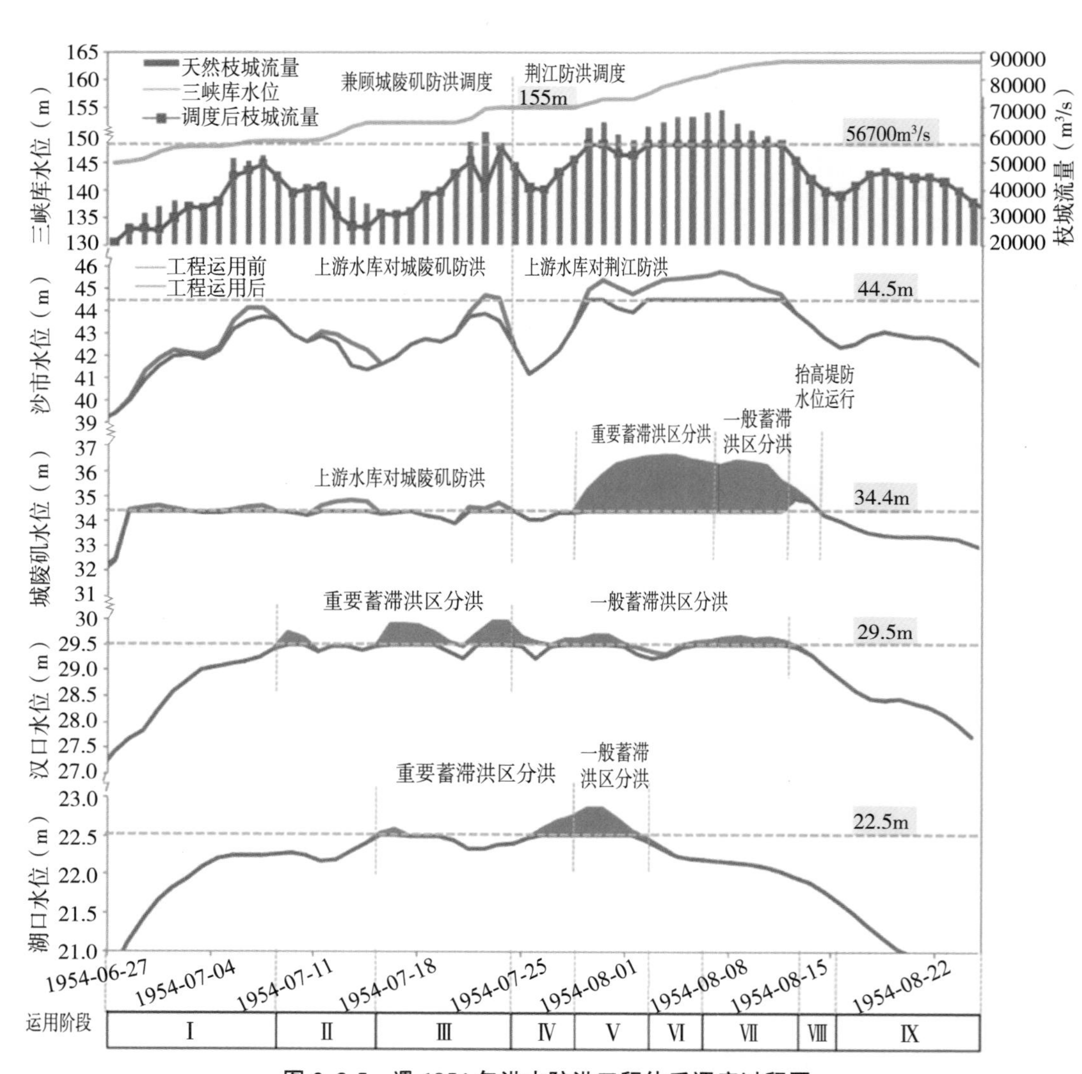

图 2. 3-5　遇 1954 年洪水防洪工程体系调度过程图

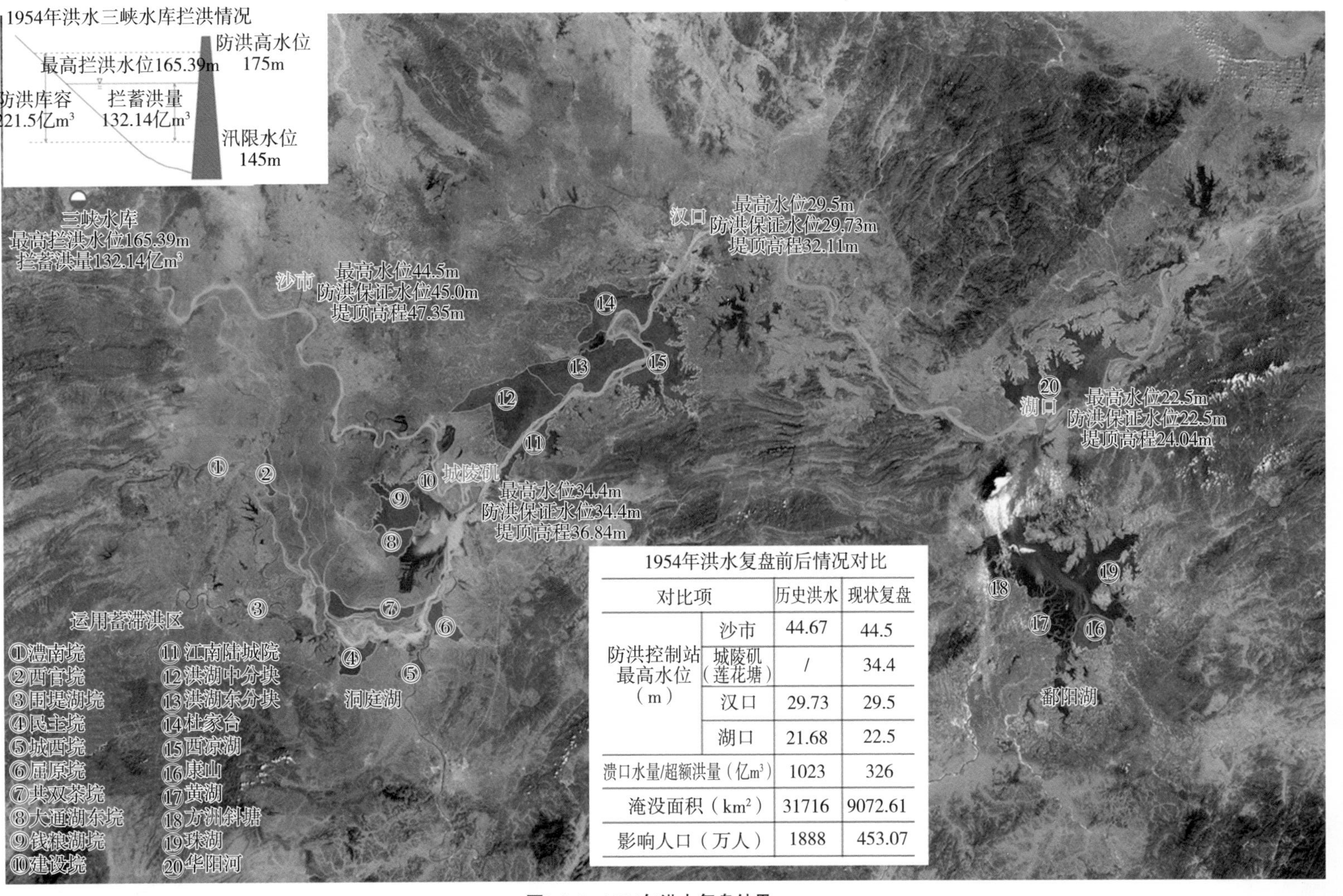

1954年洪水复盘前后情况对比

对比项		历史洪水	现状复盘
防洪控制站最高水位（m）	沙市	44.67	44.5
	城陵矶（莲花塘）	/	34.4
	汉口	29.73	29.5
	湖口	21.68	22.5
溃口水量/超额洪量（亿m³）		1023	326
淹没面积（km²）		31716	9072.61
影响人口（万人）		1888	453.07

图2.3-6 1954年洪水复盘结果

2.4 应急避险要素动态辨识技术

为指导洪水可能淹没危险区内群众及时撤退避险，采用两种技术实现洪水风险信息与灾情信息的时空叠加，动态辨识应急避险对象、安全转移道路、应急安置（逃生）场所等要素，快速划分洪水风险区等级并确定洪水风险区内避险转移批次及各批次避险转移准备与实施时间。具体步骤如下：

1）根据不同水情、工情条件下水动力学模型的水面线计算成果，提取河道各断面的洪水位；基于 GIS 三维淹没分析技术，融合数字高程模型和水位信息，实现洪水淹没影响范围快速获取；将解译得到的淹没范围图层与房屋、道路、土地等社会经济图层通过空间地理关系进行拓扑叠加，分析获取洪水淹没区内影响人口、社会经济不同财产类型的价值及其分布等信息。卡洛特水电站溃坝洪水淹没范围见图 2.4-1。

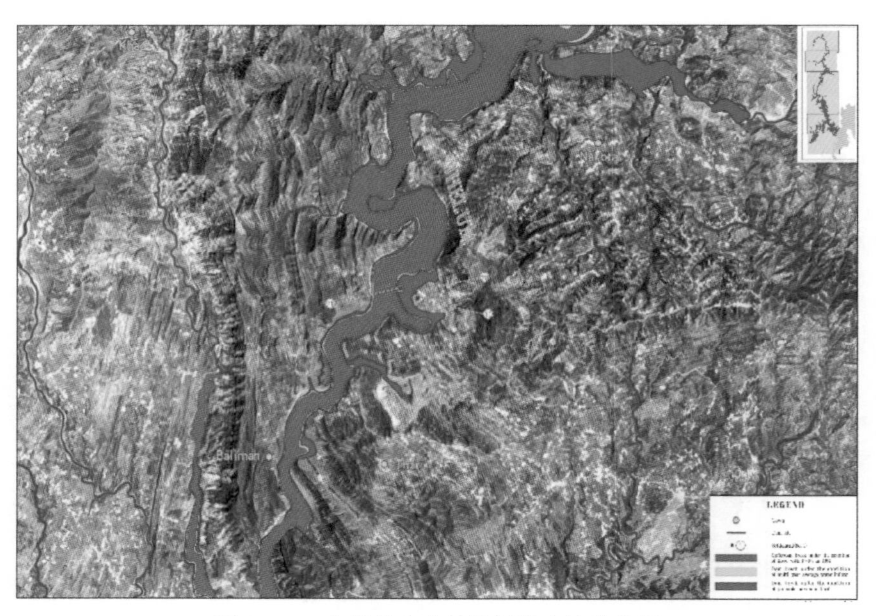

图 2.4-1　卡洛特水电站溃坝洪水淹没范围

2）以可追溯性强的高分辨率、多光谱遥感影像为数据源，以解译标志、解译经验知识为技术指导，采用人工智能识别与目视解译相结合的方式对洪水淹没风险范围内的影像进行识别与判读，实现对超标准洪水可能影响的受灾人口、房屋及土地三大类信息的智能获取，并基于数据存储技术实现解译成果的统计分析，基于 GIS 技术实现专题图绘制，堰塞湖应用实例见图 2.4-2。基于人工智能识别与目视解译相融合的淹没实物指标解译调查技术，利用深度学习模拟大脑的学习过程进行房屋及土地的人工智能识别，综合利用影像的光谱和纹理特征，实现输入数据从低层到高层渐进式特征提取，形成高分辨率影像适合模式分类的较理想特征，快速获取土地、道路、房屋、桥梁等不同解译对象的图斑成果，大幅缩短了遥感图像解译周期，提高了解译精准度，大大提升了遥感解译效率及自动化程度，攻克了依赖于人工目视和半自动化软件解译的传统遥感图像解译方法花费时间长、准确率提升难这一瓶颈问题，并催生了新的遥感应用领域，促进了遥感技术应用的变革，使得遥感应用从根本上脱离了劳动密集型的“传统”。

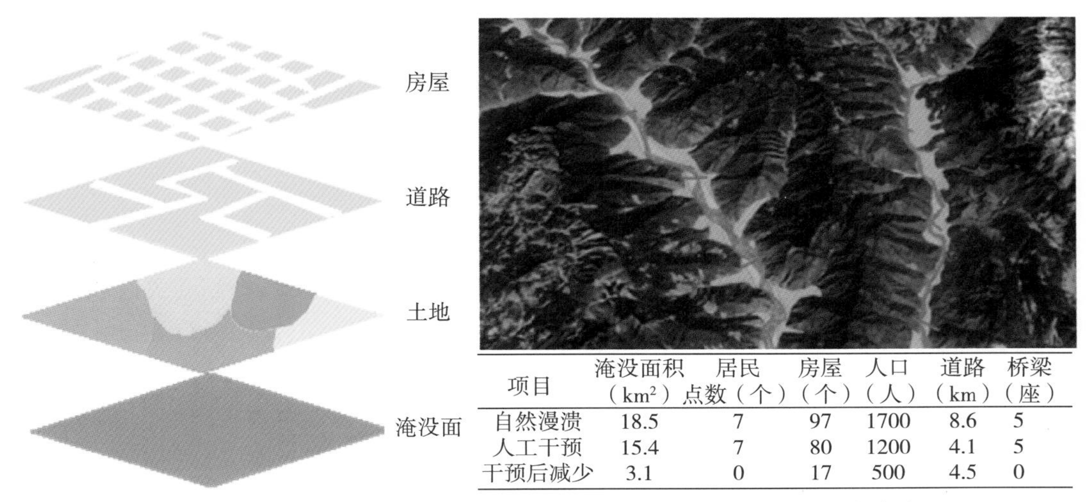

项目	淹没面积（km^2）	居民点数（个）	房屋（个）	人口（人）	道路（km）	桥梁（座）
自然漫溃	18.5	7	97	1700	8.6	5
人工干预	15.4	7	80	1200	4.1	5
干预后减少	3.1	0	17	500	4.5	0

图 2.4-2　堰塞湖溃堰洪水淹没范围空间拓扑叠加分析和淹没损失统计

2020 年 8 月中下旬，长江上游多江段集中发生超标准洪水。为了掌握三峡库区及其上游重庆地区洪水淹没影响情况，利用现场查勘、卫星遥感、无人机遥感、无人机航拍和实地测量等方式对此次超标准洪水开展了天空地协同监测及淹没影响分析技术的应用（图 2.4-3）。根据现场监测情况，预测淹没范围与实际情况总体一致。渝北区洛碛镇、江北区郭家沱实际淹没范围与预测淹没范围基本一致，沿江有较为集中的码头和居民区被洪水淹没。

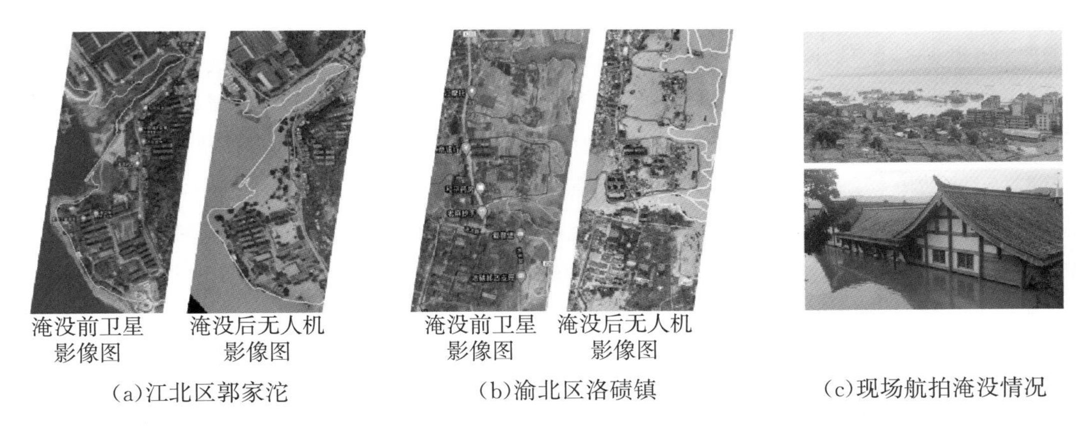

（黄线为土地征用线，红线为预测淹没线，蓝线为实测线）

图 2.4-3　长江上游超标准洪水监测图

第3章　风险人群精准识别、快速预警与实时跟踪技术

为突破传统避险转移大量人力的复杂统计、信息盲点管理等瓶颈，提高受灾区域人群的识别效率和精度，支撑指导人群应急避险工作，研发了基于多源位置服务（Location Based Service，简称 LBS）信息和人群画像技术的风险人群精准识别、快速预警与实时跟踪技术。该技术在传统组织避险撤离的基础上，结合移动互联网、通信运营商等应用信息，提出多源人群数据融合技术，获取人群的位置信息，精准识别洪水风险区域影响人群的位置信息；采用人群画像结合地理信息系统技术，动态绘制涉灾区域内人群特征属性与状态图谱；基于虚拟电子围栏的风险区人群预警技术，及时将洪水风险预警消息推送至风险人群，实时引导撤离至安全区。此外，本章还以长江流域荆江分洪区麻豪口镇、嫩江流域梅里斯乡、淮河沂沭泗流域皂河镇为例，直观展示了上述技术方案的实现效果。

3.1　技术路线

3.1.1　风险人群精准识别技术

开发防洪避险微信小程序，建立县包乡、乡包村、村包组、组包户“无缝连接”的基层应急避险工作网格化管理平台，实现风险人群信息上报与核查、汛情实时播报与权威发布、汛情风险等级自动更新等功能。综合考虑互联网位置大数据及通信运营商定位大数据在采样频率、成本、定位精度、覆盖范围等方面的优点和特点，将其组成多源数据并融合利用，实现各类数据的相互补充；基于互联网位置大数据及通信运营商定位大数据技术，挖掘洪水淹没区内同期历史人口数据，通过对比分析，验证区域人口数量的合理性；在此基础上，通过广播、电话、短信、高音喇叭等多种通信方式和挨家挨户通知与登记等传统避险技术复核各区域内人群数据，对人群识别信息进一步检验，保障风险人群定位的准确性和全覆盖。

综上，将传统户籍人员识别方法、互联网和通信运营商 LBS 大数据组成多源数据并融合利用，实现风险人群位置信息的实时识别与追踪，消除信息盲点。具体实现方式为：风险区内居民通过短信、微信公众号等方式自主上报个人信息，儿童、老人等没有手机的人群由家里或邻居有手机用户辅助登记，在此基础上基于 LBS 大数据开发人群精准识别终端应用，在服务支撑层进行标准封装，全面支持腾讯、阿里等互联网公司以及联通、电信、移动等

通信运营商的位置大数据接口，采用 GIS 技术导入洪水风险区范围，自动监测和快速获取风险人群位置信息，系统实时自动识别各行政区域（县、镇、村、组）的人口数据，各行政区域管理人员对上报信息复核校正，保证准确度。

当通信中断时，一方面通信运营商采取应急通信车和海事卫星电话等方案进行通信保障，以保证人群位置信息的及时获取，另一方面采用信息化手段与传统登记相结合的方法，避免漏掉部分人员信息。

基于 LBS 的风险人群精准识别技术流程见图 3.1-1。

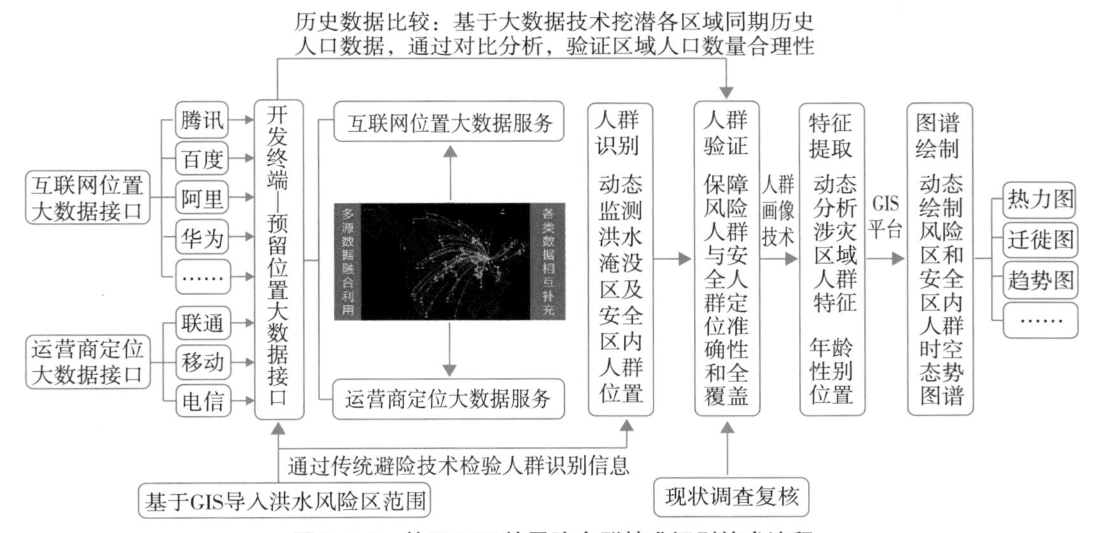

图 3.1-1 基于 LBS 的风险人群精准识别技术流程

3.1.2 风险人群特征、状态图谱绘制技术

基于人群画像、人工智能、云计算等技术，动态绘制涉灾区域与安全区域内人群特征图谱（主要包括人群位置、时间、常住地分布等）；基于 GIS 可视化人群状态图谱，建立洪水风险区的人流热力图，实时掌握受洪水威胁区域内人员聚集、疏散、受困、安置和返迁等情况，动态分析风险人群总数、时空分布及转移趋势，实现风险人群的精准识别、实时监控与全过程跟踪，为人群的转移避险提供技术支持。风险人群特征、状态图谱绘制技术流程见图 3.1-2。

3.1.3 风险人群快速预警技术

充分运用互联网大数据（如 LBS、交通信息等）、云计算、电子围栏、实时通信及小区固定式、车载移动式和无人机广播等技术，结合洪水情势有针对地对已在和即将进入高风险区的人员发出警示提醒，提示处于高风险区人员远离危险区，提醒和引导人群进行疏散转移。将避险过程分为灾前转移准备、转移实施和灾中救生三个阶段，将防洪应急转移预警实时信息、撤离时间、目标位置、最优避险转移路径或安置方案、实时交通路况等信息以地图或动态信息的形式，分门别类地通过传统手段与信息化平台（短信、微信等）推送至管理决策与组织实施人员以及受灾人群，做到预警的针对性和及时性，消除预警信息传递的“中断点”和“拥堵点”，把预警信息在第一时间通知到村、户、人，实现避险对象的点对点信息传送和风险区内、区外人群的快速预警，实时引导人群转移，第一时间规避风险。风险人群快速预警技术流程见图 3. 1-3。

综上，风险人群精准识别、快速预警与实时跟踪技术基本结构见图 3. 1-4。

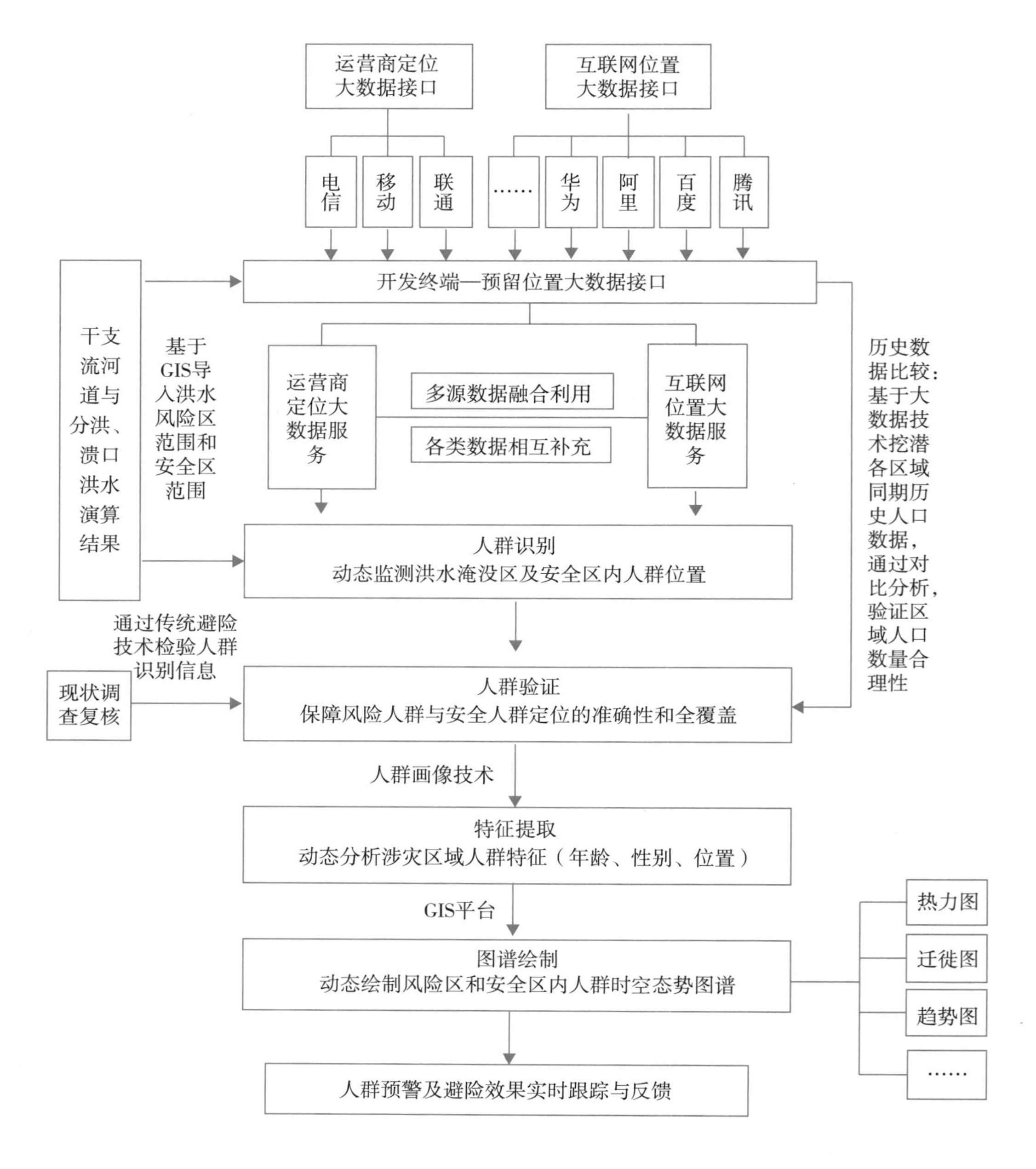

图 3. 1-2　风险人群特征、状态图谱绘制技术流程

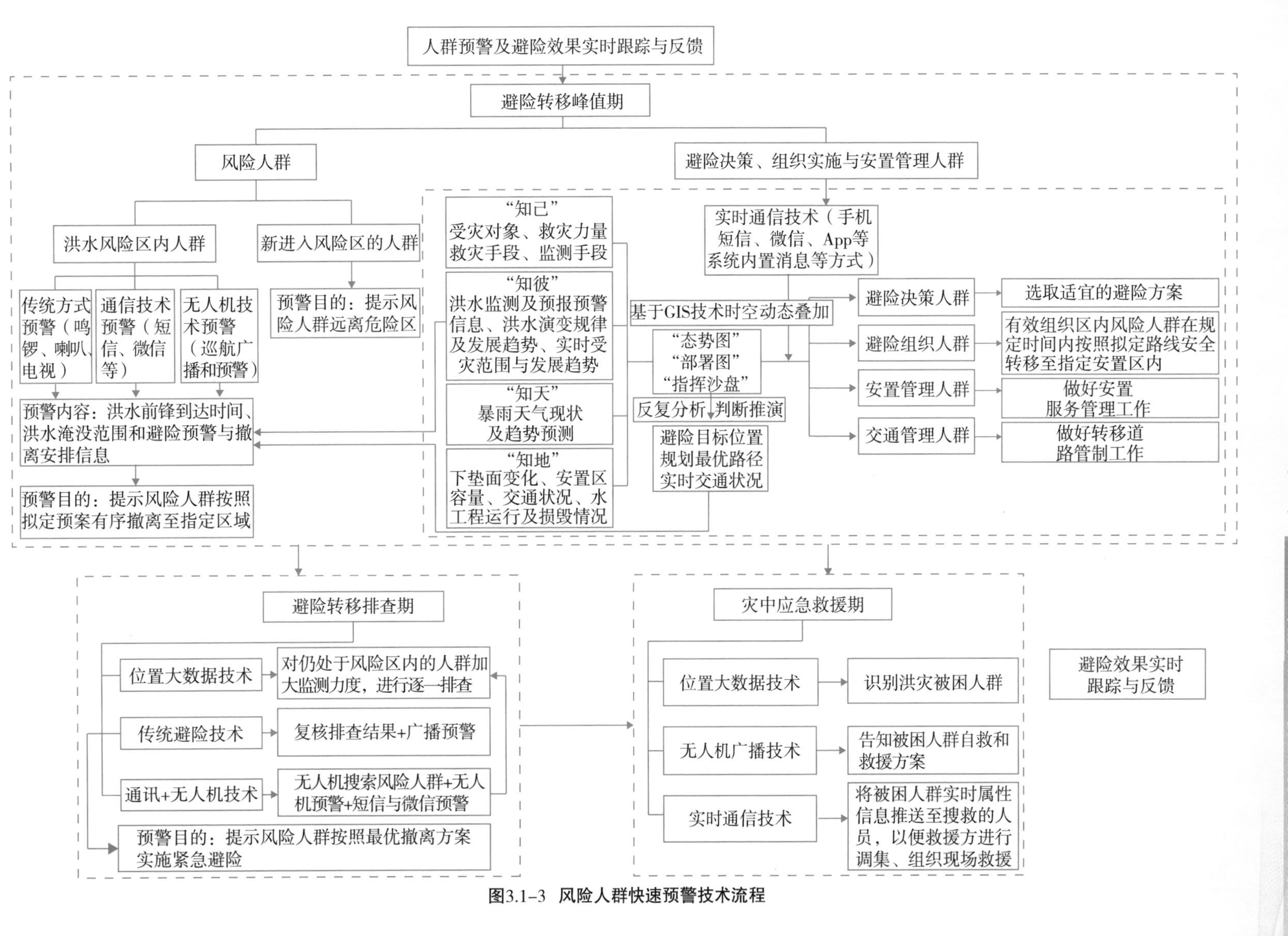

图3.1-3 风险人群快速预警技术流程

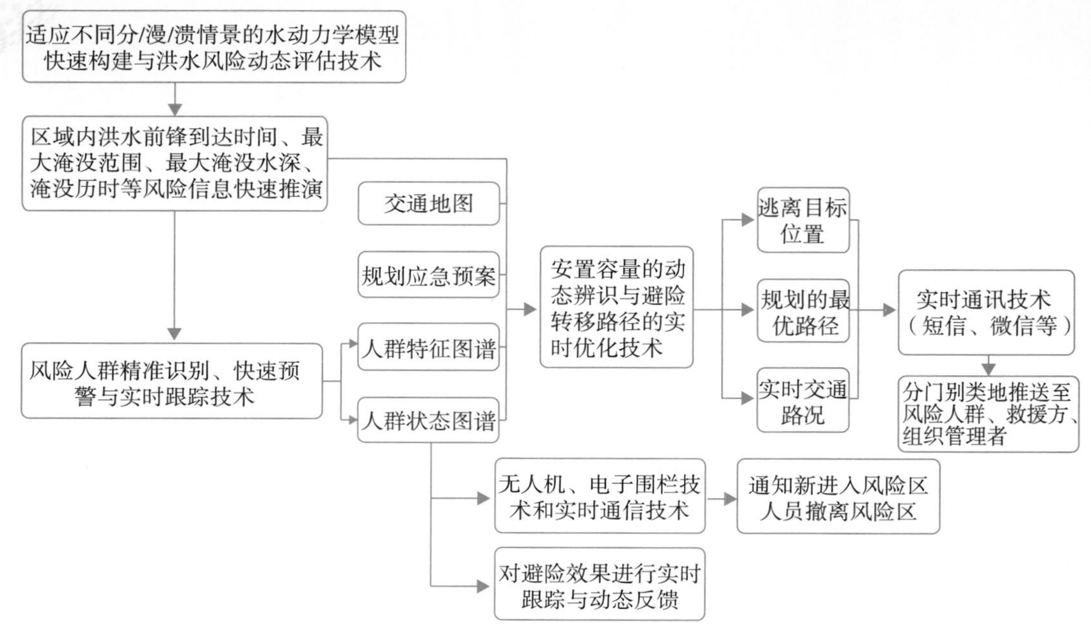

图 3.1-4 风险人群精准识别、快速预警与实时跟踪技术基本结构图

3.2 LBS技术原理与应用情况

LBS(Location Based Service，基于位置服务)是指利用各类型的定位技术来获取定位设备当前的所在位置，通过移动互联网向定位设备提供信息资源和基础服务。LBS服务中融合了移动通信、互联网络、空间定位、位置信息、大数据等多种信息技术，利用移动互联网络服务平台进行数据更新和交互，使用户可以通过空间定位来获取相应的服务。

3.2.1 分类与体系结构

3.2.1.1 分类

根据信息的获取方式不同，位置服务分为主动获取服务和被动接收服务两种(唐科萍等，2012)。主动获取服务是指用户通过终端设备主动发送明确的服务请求，服务提供商根据用户所处的位置以及用户的需求将信息返回给用户。被动接收服务与主动获取服务相反，用户没有明确发送服务请求，而是当用户到达一个地点时，服务提供商自动将相关信息返回给用户。例如，在乘坐火车的长途旅行中，每到一个城市，用户就会接收到该城市的天气预报以及住宿相关的广告信息。

根据服务的查询技术不同，位置服务又可以分为点查询服务和连续查询服务。点查询服务是指根据查询条件一次执行，返回查询结果。主动获取服务中常采用这种查询技术，如用户查询最近的公交站牌。连续查询服务是根据用户位置的持续变化更新查询结果。在通常情况下，被动接收服务通过连续查询来实现，如天气预报短信提醒服务。

根据使用服务的对象不同，又可以分为特定服务和通用服务。特定服务是指为特定服务对象（特定用户或特定区域）提供的服务，如博物馆中的文物讲解服务。特定服务需要维护特定数据集合，如博物馆文物的相关信息等。通用服务是指通信提供商对其所有用户提供的通用服务。常见的通用服务有目录、网关、位置工具、路径和导航等。

位置服务的共同特点是服务提供的过程，首先用户定位，然后将位置信息以及上下文信息传输给信息处理中心，之后通过上下文信息查询相关服务，最后将服务提供给用户。

3.2.1.2 体系结构

LBS体系结构由移动设备、定位系统、网络服务提供商以及位置服务提供商共同组成，体系结构如下所示（李锐，2019）：

（1）移动设备（用户）

在LBS的体系结构中，用户通常具有定位功能的移动设备用来获得其地理位置信息，同时用户可以通过基站或WiFi热点访问互联网来发起基于位置的服务查询请求。此外，在P2P分布式结构的隐私保护方案中，我们认为移动设备还有另一个无线网卡，可以通过各种传输协议或特定的Ad hoc网络协议（如AODV协议或LANMAR协议）自发组织成移动点对点网络，并相互交换信息。

（2）定位系统

定位技术是指由移动设备及时确定该设备所在地理位置的技术，其结合了硬件（如GPS芯片）和软件（如从多个基站信号中确定位置的程序）技术。位置服务的使用是以精确的定位技术为前提的，定位技术也是此服务最重要的保障技术之一。目前，常用的定位技术包括4种：

1）全球定位系统（Global Positioning System，GPS）

使用卫星和移动设备通信时，根据多个卫星与同一装置之间的通信延迟，使用三角测量方法获得移动对象的经纬度，精度可达5m以下。GPS定位方法是目前最精确的经纬度定位方法。但是，该方法的缺陷是无法实现室内定位。

2）WiFi定位

建立WiFi接入点与其准确位置之间的对应关系并预先存储在数据库中。当移动对象连接到某个WiFi访问点时，用户的位置可以通过访问数据库中相对应的表检测较精确的经纬度，如Google WiFi定位。WiFi定位的精度在1～10m的范围内。

3）IP地址定位

当移动设备访问互联网时会被分配一个IP地址，IP地址的分配是与地域有关的。通过使用现有的IP地址与区域之间的映射关系，可以将移动对象的位置定位到城市大小的区域。

4）三角测量法

三角测量法在三角学和几何学上是借由测量目标点与固定基准线的已知端点的角度，

测量目标距离的方法。当移动设备在 3 个移动电话基站的信号范围内时，三角测量可以获得用户的经纬度。三角测量法和 WiFi 定位克服了 GPS 不能在室内进行定位的缺点。用户在发送位置服务请求时，需要通过移动设备的定位系统获取自己的精确位置坐标，然后将自己的位置信息和查询内容一起发送给 LBS 服务器。

(3)网络服务提供商

网络服务提供商是移动用户和 LBS 服务提供商之间通信的网络载体。一般情况下，网络服务提供商不能保证信息传播的安全性。恶意攻击者可以监控网络传输的内容。

(4)位置服务提供商

位置服务提供商接收移动用户的查询请求信息并基于该信息计算查询相应的结果，然后通过网络把查询结果发送到移动用户。现实中，LBS 服务提供商主要以盈利为主，所以位置服务提供商很可能将移动用户的位置信息卖给第三方来获取利润，存在隐私泄露的风险。

3.2.2 关键技术

地理无线标记语言标准、空间定位技术以及地理信息服务系统为 LBS 三项关键技术(王建宇，2016)。

(1)地理无线标记语言标准

目前，对地理空间信息迅速存储和传输的方法已成为对基于位置服务和无线应用发展产生制约的一个瓶颈，也是建立位置服务的一项关键技术，并集中在可扩展标记语言、地理标记语言及地理无线标记语言等方面的相关研究。地理标记语言是基于 XML 存储传输地理信息的编码规范。地理空间可扩展标记语言是利用网络在计算机系统及移动设备之间对地理空间数据进行存储、传输和交换的一种编码方法。虽然地理标记语言在国际上已制定，但因各国并非采用相同的空间数据存储格式，国际标准只作为参考，各国应结合本国国情制定相应标准。基于对各种标记语言的比较分析，结合我国实际情况建立支持位置服务的中国地理无线标记语言标准，主要分为文档类型定义、最小组件、复合模块及语法四部分。该标准使各网络及应用都能提供一致的信息与服务数据格式，在网络系统和应用终端之间直接存储与传输信息和服务，不同系统间的数据和标准不再需要网络中心转换。此外，该标准分离了内容数据和表现形式，可结合不同终端设备研发不同终端表现工具，进而享受个性化的空间信息和服务。

(2)空间定位技术

位置服务应利用移动终端配合无线网络，对移动用户的地理位置进行确定，进而为用户提供所需的位置信息服务。位置服务定位过程分为测量和计算两部分内容，结合不同的测量和计算实体，定位技术一般分为基于网络和基于移动终端两种。基于网络的定位技术主要由网络实现位置解算功能。起源蜂窝小区、到达时间及差分、增强观测时间差分等都是通常采用的定位技术，起源蜂窝小区定位技术利用采集移动终端识别号对用户位置进行确定，相对于其他技术而言具有最低的精度。基于移动终端的定位技术主要由移动终端实现定位解算功能。用户采用接收机将空中卫星导航信号接收，位置解算软件内置于接收机中，无需网络参与定位过程，该解决方案对于导航应用比较适合，最常用于辅助GPS定位，无线信号利用卫星向接收机发送信号，对接收机的位置进行确定。在位置服务系统中，辅助GPS技术结合基于网络的定位技术是定位技术的主流。GPS可用性不仅由网络定位技术进行弥补，在室内等比较微弱的GPS信号区域，主要手段就是基于网络定位。而且GPS参考网络引入移动通信网络中，可使基站间的时间保持同步，网络定位精度明显提高。

（3）地理信息服务系统

地理信息服务系统中涉及的基础地图数据包括不同城市区域及对数据进行管理、地理分析等功能，由位置服务运营商搭建或其他供应商提供。一个位置服务运营商可连接多个地理信息服务平台，发布多个地图及路径搜索引擎等。该系统主要负责地理信息服务数据查询、分析及发布等功能，包括数据库管理、地理信息引擎、地理信息服务三个不同层次，数据库管理主要对运营平台的数据进行管理；地理信息引擎管理、操作底层数据库，并对基于平台的二次开发提供相应支持，通常采用的地理信息平台及软件比较成熟；地理信息服务由核心服务和应用服务框架两部分内容构成，基于地理信息引擎提供地理信息分析、发布及路径搜索等功能是其核心服务；应用服务框架基于对各种地理信息核心服务的综合提供城市黄页服务、个人导航、公交换乘、地址查找等应用服务框架。

3.2.3 主要特点与应用情况

由于LBS覆盖范围广、定位精度高、操作简便等特点，目前已在各大领域取得广泛应用（哈吉德玛，2019）。

3.2.3.1 主要特点

（1）覆盖范围广

对于LBS服务体系，企业一方面要求定位服务需要覆盖足够大的范围，另一方面要求一定要将室内也进行全覆盖，这是因为LBS的设备或者用户，大部分时间都是处于室内的，所以需要保证可以对每个角落进行覆盖。根据LBS定位系统覆盖的范围，大致可分为3种定位服务：整个本地网、覆盖部分本地网、提供漫游网络服务类型。

（2）定位精度高

根据不同用户的需求提供不同程度的精确服务，并且提供用户选择精确度的便利，这是手机定位的一种优势。

（3）操作简便

LBS功能主要基于Web服务器和LDAP服务器二者之上。

(4)应用广泛

目前,LBS已在军事定位、导航服务、兴趣点(POI)查询、社交应用服务、监控监测服务、热点推送功能、智能交通、应急指挥功能、紧急救援等多个领域取得应用,应用广泛。

3.2.3.2 应用情况

(1)军事定位

LBS发展初期,主要用于军事领域,美国国防部利用LBS来对目标进行跟踪和监护。

(2)导航服务

当用户出行时,LBS可根据用户提供的起始位置和终点位置,为用户推荐适合出行的路线,如高德地图、百度地图、腾讯地图等地图应用均可提供此项功能。

此外,当出现道路车辆过多、红绿灯数量多或道路维护等情况时,LBS可提供多种线路供用户选择,避开拥堵区,缩短出行时间,为用户提供实时高效的路线选择。

(3)兴趣点(POI)查询服务

兴趣点查询服务,也被称为地图搜索,是基于位置服务中最为常见使用的一项服务。用户搜索的兴趣点,通常是与人们生活息息相关的一些场所和地点。例如:当用户出行就餐时,可能会搜索附近的饭店等场所;当用户有购物需求时,可能会搜索附近的商场、超市等场所;当用户出差或旅游时,可能会搜索附近的景点、酒店等场所。兴趣点查询服务使人们的生活更加方便快捷,节省了很多精力。

(4)社交应用服务

近年来,各大交友软件和分享软件兴起,人们利用这些软件交友或者进行网红景点打卡分享等活动,微信"附近的人"、大众点评"打卡"、小红书日常分享等功能都使用了基于位置服务,基于位置服务使人们的交际圈更广泛,使人与人之间的联系更紧密。

(5)健康监测服务

基于位置服务的健康监测服务,指的是各类运动健身类App根据用户的位置信息和运动轨迹,获取用户一天的步行量、跑步量、骑单车里程等信息,如Keep等软件,由LBS获取用户的运动量,为用户提供个性化的运动方式和时长,监测用户健康。

(6)热点推送功能

热点推送功能一般用于商家宣传,比如饿了么平台上附近外卖商家优惠券推送、携程软件上附近优惠酒店推送、进入北京市地界后运营商欢迎短信等,都是基于LBS实现的。近年来,LBS还可用于警方寻人,如支付宝平台关于附近走失儿童、走失老人信息推送功能,均使用了LBS。

(7)智能交通功能

通过移动终端的定位系统,交管平台可以获得道路拥堵情况,便于交警指挥交通,当某路段拥挤时，交管平台可通过广播公告、路况信息推送等功能，号召人们远离拥挤路段，便于疏散人流，智能协调交通。近年来，公交、地铁软件还开辟了满座率功能，用户可以看到公交地铁的满座率，便于用户规避掉拥挤公共交通班次，使用户出行更方便舒适。

(8)应急指挥

现代城市经济发达，人口高度集中，当发生突发事件时，极有可能对政府正常运行、人民的生命财产安全造成威胁，对城市的稳定与发展产生严重影响。基于此，国内外政府已经基于LBS技术开展应急指挥系统建设，通过对有限的资源合理利用，提高对突发事件的反应速度，增强对事故风险的抵御能力。目前我国已有南宁、上海等城市展开应急指挥系统建设。

(9)紧急救援功能

当监测到地震、洪水、飓风、暴雨、泥石流等自然地质灾害时，可以通过基于位置服务，向用户提供预警，使用户提前撤离或减少出行，避免受到伤害。当有用户被困时，LBS可提供用户当前的位置，便于救援人员施救，使施救过程高效有序地进行。

3.2.4 位置流转与接口调用

3.2.4.1 位置流转

目前，LBS每天接收超过660亿次的海量位置数据，覆盖超过10亿个智能设备。对于如此大规模的数据，LBS平台一方面将日志转移到流日志集群进行实时的位置数据处理；另一方面，还将数据存储到海量的数据存储集群中，用于离线的分析挖掘。

LBS基于互联网和大客流数据平台进行整体架构与位置数据流转。平台由定位服务与定位SDK产生位置日志数据，经过消息中间件，一部分通过Storm实时计算框架进行区域内位置数据的监控、统计、分析和挖掘，保证从接收到数据到获得结果数据这一过程具有超高的时效性，另一部分落入海量存储的集群，利用离线分布式计算框架与机器学习算法，对历史数据进行深度分析、学习和挖掘，充分利用数据的特性，保证结果准确性。

针对不同数据的量级与查询需求，平台选择了多种数据存储方式。选择分布式NoSQL支持百亿级别数据的离线与准实时查询；选择分布式内存数据库，支持十亿级别数据的毫秒级快速实时查询；对小规模或者更新频繁的数据，使用RMDBS(关系型数据库管理系统)进行数据的存储与查询。

前端展示方面，平台整合了位置流量趋势、热力图、迁徙图、社交热点地图、街景地图和热力图分屏对比展示等功能，采用多种数据展现形式对区域数据进行描绘，保证数据准确、有效、实时地进行展现。除此之外，平台还支持接口方式的数据输出。位置流转示意图见图3.2-1。

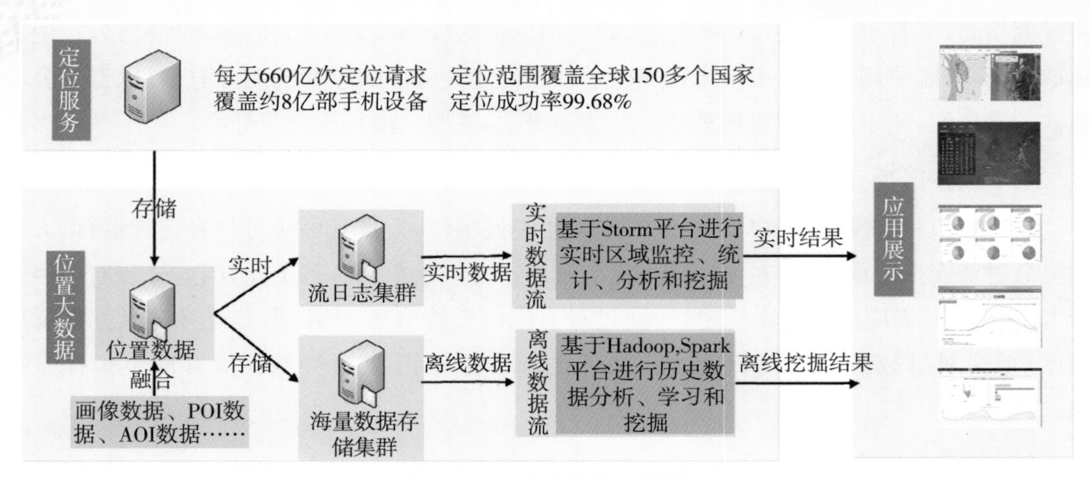

图 3.2-1　位置流转示意图

3.2.4.2　接口调用

腾讯、阿里、华为、百度等互联网公司以及联通、移动、电信等通信运营商均设计了 LBS 的区域信息接口、各个时刻人数接口、人员流入流出接口、区域定位权重接口、区域画像接口等位置大数据属性接口，各接口均有接口描述、接口 URL、接口类型、接口请求数据及请求参数字段含义说明、响应结果及其字段含义说明等。基于 LBS 技术开发人群精准识别终端应用，在服务支撑层进行标准封装，全面支持腾讯、阿里、华为等互联网公司以及联通、电信、移动等通信运营商的位置大数据接口。采用 GIS 技术导入洪水风险区范围，通过引入与融合其位置大数据，并通过运营商的无线电通信网络或外部定位方式实时提取、汇聚涉灾区域移动终端用户的位置信息，自动监测和快速获取风险人群的位置信息。基于多源数据融合技术，实现各类位置服务数据的相互补充与验证。应急避险时结合涉灾区域特点及通信条件，考虑位置服务商的合作意愿，有针对性地接入其中一种、几种或全部接口，动态监测洪水淹没区及安全区范围内人群数据，获取涉灾区域风险人群移动终端用户的位置信息及其他属性信息。基于大数据技术挖掘洪水淹没区内同期历史人口数据，通过对比分析，验证区域人口数量的合理性；通过传统户籍人员识别方法，调查复核各区域内人群数据，对人群识别信息进一步检验，保障风险人群定位的准确性和全覆盖。

基于 LBS 接口(包括区域信息接口、各时刻人数接口、区域定位权重接口以及区域画像接口，见图 3.2-2)，实现高风险区域人群识别，实时获取行政区划及安全区范围内的人群数量、洪水淹没范围内的人群数据及人群画像，实现人群位置实时监控，同时为实时路径规划提供基础数据。总体接口对接技术路线及调用过程见图 3.2-3。

区域信息接口

对预先划定的范围，查询该区域的中心点、边界、面积等信息

各时刻人数接口

对预先划定的范围，查询该区域一定时间范围内各时刻的人群总数

区域定位权重接口

对预先划定的范围，查询该区域人群分布定位及权重

区域画像接口

对预先划定的范围，查询该区域人群年龄、性别等信息

图 3. 2-2　LBS 接口

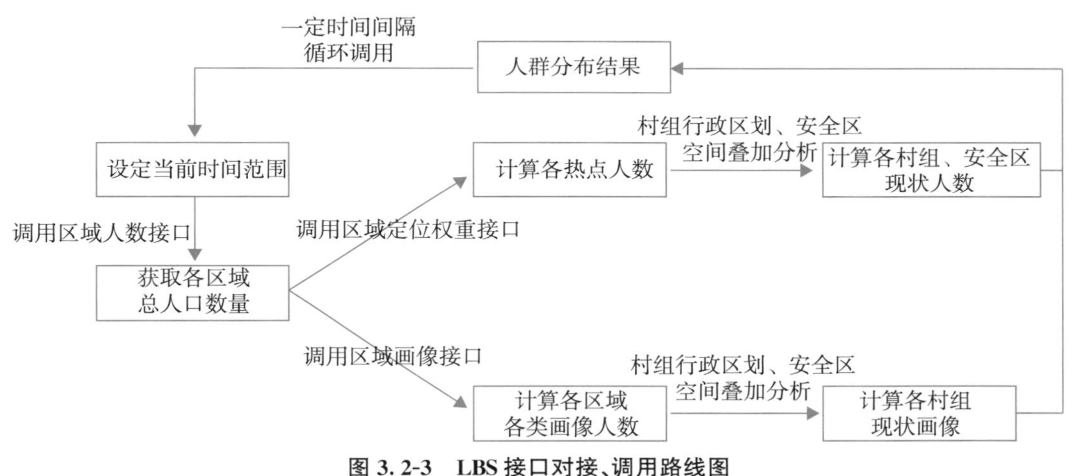

图 3. 2-3　LBS 接口对接、调用路线图

高风险区的人群识别的主要技术实现路线为：

①基于区域人口接口，获取当前时间节点（或特定时间节点）高风险区内各网格划分范围的总人数；

②分别调用区域定位权重接口、区域画像接口，获取网格内人群热点分布以及区域内人群画像（年龄分布、性别分布等）；

③基于空间叠加分析方法，基于村组行政区划、安全区内的空间数据，与网格热点人群分布进行空间分析，计算各村组、安全区内现状人数，计算各村组、安全区内的人群画像；

④与计算时间节点进行关联存储，将人群分布结果保存，作为实时应急避险模型计算初始数据；

⑤根据接口及现实情况需要，循环进行人群分布计算，并进行存储。

通过与腾讯公司沟通协调，本平台获取了腾讯区域信息、各时刻人数、人员流入流出、区

域定位权重、区域画像、LBS接口，接口请求字段以及对应的响应结果参数情况如下：

(1)区域信息接口

接口描述：根据提供的区域 id 查询区域的 id、中心点、名称、省份、城市、地区、边界、面积、历史最大人数出现时间等信息。

接口 URL：https://apis.map.qq.com/bigdata/realtime/v1/region

接口类型：Post

接口请求数据：

{"id":"8","key":"xxx"}

区域信息接口请求参数各字段含义说明见表 3.2-1。

表 3.2-1 区域信息接口请求参数各字段含义说明表

名称	描述	类型	备注
id	用户申请区域被通过后分配的 id	string	
key	访问密钥	string	待分配

区域信息接口响应结果：

1. {
2. "status": 0,
3. "data":{
4. "id":"5",
5. "name":"广州长隆",
6. "province":"广东省",
7. "city":"广州市",
8. "district":"番禺区",
9. "center":"23.001453,113.325360",
10.
11. "boundary":"23.010346,113.333115|23.009596,113.330540|23.007226,11
12. 3.331656|23.005804,113.327708|23.004935,113.322858|23.003078,113.3
13. 22215|23.000194,113.323073|22.998456,113.323802|22.996204,113.326
14. 549|22.993913,113.328909|22.999483,113.337793|23.002801,113.34380
15. 1|23.005409,113.341441",
16. "area":123000,
17. "max_pop_datetime":"2016-08-28 12:00:00",
18. }
19. }

区域信息接口响应结果各字段含义说明见表 3.2-2。

表 3.2-2　　区域信息接口响应结果各字段含义说明表

名称	描述	类型	备注
status	处理状态码	integer	0:正常 非 0:处理异常, 会返回相应的 message
message	错误信息	string	status ! = 0 的时候返回,说明错误信息
data. id	区域 id	integer	
data. name	区域名称	string	
data. province	区域所在省份	string	
data. city	区域所在城市	string	
data. district	区域所在地区	string	
data. center	区域中心点	string	纬度,经度
data. boundary	区域边界	string	“|”分割的纬度,经度串
data. area	区域面积	integer	单位是 m^2
data. max_pop_datetime	从申请区域到当前日期前一天截止,区域最大人数出现的时间	string	

(2)各时刻人数接口

接口描述:根据提供的区域 id、开始时间、结束时间和时间粒度查询当前时间段内的各时刻人数;

接口 URL:https://apis. map. qq. com/bigdata/realtime/v1/population

接口类型:Post

接口请求数据:

{"id":"8","begin":1494043200,"end":1494129600,"interval":5,"key":"xxx"}

各时刻人数接口请求参数各字段含义说明见表 3. 2-3。

表 3.2-3　　各时刻人数接口请求参数各字段含义说明表

名称	描述	类型	备注
id	用户申请区域被通过后分配的 id	string	
begin	查询开始时间	integer	精确到秒的整型,从整点开始到整点结束,时间跨度不超过 2 天

续表

名称	描述	类型	备注
end	查询结束时间	integer	精确到秒的整型,从整点开始到整点结束,时间跨度不超过 2 天
interval	时间粒度	integer	以分钟为单位,从 5、10、30、60min 中选择
key	开发密钥	string	待分配

响应结果:

```
1. {
2. "status":0,
3. "data":[
4. {"time":"2017-05-06 12:00:00","value":18746},
5. {"time":"2017-05-06 12:05:00","value":18841}
6. ...
7. ]
8. }
```

各时刻人数接口响应结果各字段含义说明见表 3.2-4。

表 3.2-4　各时刻人数接口响应结果各字段含义说明表

名称	描述	类型	备注
status	处理状态码	integer	0:正常 非 0:处理异常,会返回相应的 message
message	错误信息	string	status != 0 的时候返回,说明错误信息
data	数组类型,数据元素由{time:时刻(string),value:人数(integer)}组成的键值对	array	

(3)人员流入流出接口

接口描述:根据提供的区域 id、开始时间、结束时间和时间粒度查询当前时间段内的人员流入流出人数;

接口 URL:https://apis.map.qq.com/bigdata/realtime/v1/flow

接口类型:Post

接口请求数据:

{"id":"8","begin":1494043200,"end":1494129600,"interval":5,"key":"xxx"}

人员流入流出接口请求参数各字段含义说明见表 3.2-5。

表 3.2-5 人员流入流出接口请求参数各字段含义说明表

名称	描述	类型	备注
id	用户申请区域被通过后分配的 id	string	
begin	查询开始时间	integer	精确到秒的整型，从整点开始到整点结束，时间跨度不超过 2 天
end	查询结束时间	integer	精确到秒的整型，从整点开始到整点结束，时间跨度不超过 2 天
interval	时间粒度	integer	以分钟为单位，从 5、10、30、60min 中选择
key	开发密钥	string	待分配

响应结果：

1. {
2. "status":0,
3. "data":[
4. {"time":"2017-05-06 12:00:00","in":23,"out":1},
5. {"time":"2017-05-06 12:05:00","in":22,"out":2},
6. ...
7.]
8. }

人员流入流出接口响应结果各字段含义说明见表 3.2-6。

表 3.2-6 人员流入流出接口响应结果各字段含义说明表

名称	描述	类型	备注
status	处理状态码	integer	0:正常 非 0:处理异常，会返回相应的 message
message	错误信息	string	status ! = 0 的时候返回，说明错误信息
data	数组类型，数据元素由{time :时刻(string)，in: 人数(integer)，out: 人数(integer)}组成的键值对	array	

(4)区域定位权重接口

接口描述：根据提供的区域 id、开始时间、结束时间和时间粒度查询当前时间段内的各个时刻定位权重数据；

接口 URL：https://apis.map.qq.com/bigdata/realtime/v1/locationpoint

接口类型：Post

接口请求数据：

{"id":"8","begin":1494043200,"end":1494129600,"interval":5,"key":"xxx"}

区域定位权重接口请求参数各字段含义说明见表 3.2-7。

表 3.2-7　区域定位权重接口请求参数各字段含义说明表

名称	描述	类型	备注
id	用户申请区域被通过后分配的 id	string	
begin	查询开始时间	integer	精确到秒的整型，从整点开始到整点结束，时间跨度不超过 2 天
end	查询结束时间	integer	精确到秒的整型，从整点开始到整点结束，时间跨度不超过 2 天
interval	时间粒度	integer	以分钟为单位，从 5、10、30、60min 中选择
key	开发密钥	string	待分配

响应结果：

```
1. {
2.  "status":0,
3. "data":[{
4. "time":"2017-05-06 12:00:00",
5. "points":[
6. {"lat":23.0024,"lng":113.3275,"weight":10},
7. {"lat":23.0055,"lng":113.3287,"weight":15}
8. ...]
9. },{
10. "time":"2017-05-06 12:00:00",
11. "points":[
12. {"lat":23.0024,"lng":113.3276,"weight":10},
13. {"lat":23.0055,"lng":113.3287,"weight":15}
14. ...]
15. },
16. ...
17.
18. }
```

区域定位权重接口响应结果各字段含义说明见表 3.2-8。

表 3.2-8　　区域定位权重接口响应各字段含义说明表

名称	描述	类型	备注
status	处理状态码	integer	0:正常 非 0:处理异常,会返回相应的 message
message	错误信息	string	status ! = 0 的时候返回,说明错误信息
data	数组类型,数据元素由{time:时刻(string),points:定位权重数据(array)}组成的键值对,定位权重数据元素由{lat:纬度(double),lng:经度(double),weight:定位权重(integer)}组成	array	

(5)区域画像接口(每小时)

接口描述:根据提供的区域 id、开始时间、结束时间和时间粒度查询当前时间段内的年龄、性别、来源地等画像数据;

接口 URL:https://apis.map.qq.com/bigdata/realtime/v1/userprofile

接口类型:Post

接口请求数据:

{"id":"8","begin":1494043200,"end":1494129600,"interval":60,"type":"1,2,3","key":"xxx"}

区域画像接口请求参数各字段含义说明见表 3.2-9。

表 3.2-9　　区域画像接口请求参数各字段含义说明表

名称	描述	类型	备注
id	用户申请区域被通过后分配的 id	string	
begin	查询开始时间	integer	精确到秒的整型,从整点开始到整点结束,时间跨度不超过 2 天
end	查询结束时间	integer	精确到秒的整型,从整点开始到整点结束,时间跨度不超过 2 天
interval	时间粒度	integer	以分钟为单位,从 30min、60min 中选择,暂时只有整点(60min)的数据
type	画像类别,可组合	string	1. 年龄;2. 性别;3. 来源地(全国精确到市);4. 来源地(本市的县城);5. 消费能力;6. 学历;7. 有车用户;8. 健身用户;9. 理财类用户;10. 手机类型。组合以逗号分隔 1、2,如年龄+性别
key	开发密钥	string	待分配

响应结果：

1. {
2. "status":0,
3. "data": [{
4. "time":"2017-05-06 12:00:00",
5. "age":[{
6. "property":"0～10",
7. "percent":0.03341,
8. },{
9. "property":"20～29",
10. "percent":0.376,
11. }…],
12. "gender":[{
13. "property":"female",
14. "percent":0.46,
15. },{
16. "property":"male",
17. "percent":0.54,
18. }],
19. "origin":[{
20. "property":"110000",
21. "province":"北京市",
22. "city":"北京市",
23. "percent":0.032
24. }…]
25. },"district":[{
26. "property":"110000",
27. "province":"北京市",
28. "city":"北京市",
29. "district":"海淀区",
30. "percent":0.032
31. }…]
32. },{
33. "time":"2017-05-06 12:00:00",
34. "age":…,

35. "gender":…,
36. "origin":…,
37. }
38. …]
39. }

区域画像接口响应结果各字段含义说明见表 3.2-10。

表 3.2-10　　区域画像接口响应结果各字段含义说明表

名称	描述	类型	备注
status	处理状态码	integer	0:正常 非 0:处理异常,会返回相应的 message
message	错误信息	string	status! =0 的时候返回,说明错误信息
data	人口画像结果。内容构成:{ age:年龄比例(array),gender:性别比例(array),origin:全国市级别来源地比例(array),district:本市县级别来源地比例(array),consumpting_ability:消费能力(array), education:学历(array),car:是否有车(array),fitness:是否健身(array),finance:是否理财(array),mobile_phone:手机类型(array)}。 各数组具体构成: 年龄:{property:年龄区间(string),percent:比例(double)} 性别:{property:男/女(string),percent:比例(double)} 来源地:{ property:来源地 adcode(string),省份 province(string),城市 city(string),区县 district(string),percent:比例(double) 消费能力:{property:消费能力指数(string),percent:比例(double)} 学历:{property:学历(string),percent:比例(double)} 是否有车:{property:有车/无车(string),percent:比例(double)} 是否健身:{property:健身/非健身(string),percent:比例(double)} 是否理财:{property:理财/不理财(string),percent:比例(double)} 手机类型:{property:Android/iOS(string),percent:比例(double)}	array	

3.3 基于LBS的风险人群位置精准识别与实时跟踪技术

3.3.1 技术原理与实现方法

(1)人口定位转换模型

根据第一终端发送的区域信息确定目标区域;获取目标区域对应的转换模型,根据目标区域的样本真实人数和样本定位人数确定;确定目标区域的定位人数,定位人数是指定位置在目标区域内的人数;将定位人数输入转换模型,得到目标区域的估算人数。人口定位转换模型可以解决未安装摄像头的目标区域无法进行目标区域的人数估算的问题;在保证目标区域的人数估算尽可能地准确的前提下,实现不使用摄像头来进行目标区域的人数估算,提高目标区域的人数估算的通用性。

当区域信息为目标区域的经纬度信息时,服务器根据该区域信息指示的每个地理位置的经纬度坐标构成目标区域;当区域信息为目标区域边缘部分的经纬度信息时,服务器将该区域信息指示的每个地理位置的经纬度坐标所围成的区域确定为目标区域;当区域信息为目标区域的区域描述信息时,服务器根据该区域描述信息转换为目标区域的经纬度坐标,根据该经纬度坐标得到目标区域。

转换模型用于表示目标区域在第一场景中定位人数与真实人数之间的线性关系;或者,转换模型用于表示目标区域在第二场景中定位人数与真实人数之间的非线性关系。其中,第一场景为随时间变化,定位人数的抖动范围在第一预设范围内,且定位人数与区域中的真实人数呈线性相关关系的场景;第二场景为随时间变化,定位人数的抖动范围超过第二预设范围,且定位人数与区域中的真实人数呈非线性相关关系的场景。

转换模型为预设的数学模型,该转换模型包括定位人数与目标区域的估算人数之间的转换系数。转换系数可以为固定值,也可以是随时间动态修改的值,还可以是随着使用场景动态修改的值,示意性地将转换模型通过下述公式表示:

$$P_{real} = uv \times \alpha \tag{3.3-1}$$

式中,P_{real} ——目标区域的估算人数;

uv ——目标区域的定位人数;

α——定位人数与估算人数之间的转换系数。

接下来,确定目标区域的定位人数,定位人数是指定位位置在目标区域内的人数。可选地,服务器获取至少一个第二终端上报的定位位置,根据该定位位置确定目标区域的定位人数。可选地,服务器可以获取到每个定位位置的上报时间,此时,服务器可以根据定位位置和该定位位置的上报时间,确定在当前时间段内目标区域的定位人数。可选地,服务器可以将预设时长划分为多个时间段,比如:将一天划分为288个时间段,每5min为一个时间段。

当然，不同时间段之间的时间长度可以相同，也可以不同，本实施例对此不作限定。当前时间段是指当前时刻所属的时间段，比如：当前时刻为 17 时 11 分，则当前时间段为 17 时 10 分至 17 时 15 分。服务器将定位人数输入目标区域对应的转换模型，得到目标区域的估算人数。

对于某个目标区域，在该目标区域中使用定位功能的第二终端的数量与该目标区域的真实人数呈一定的关系，如线性关系或者非线性关系。因此，根据该线性关系或者非线性关系建立转换模型，将定位人数输入该转换模型中，可以实现目标区域的定位人数与目标区域的估算人数之间的转换，从而可以达到无需设置摄像头、物理围栏或闸机来估算目标区域的人数的目的。

(2)人群热力图

热力图以特殊高亮形式显示访客热衷的页面区域和访客所在地理区域的图示。从广义上来讲，但凡以高亮形式显示，最终表达在图片上的图示都可以称之为热力图(张艺瑶，2016)。

热力图是一种时空数据，以不同颜色和亮度实时描述城市中人群的空间分布情况，共包含 7 种颜色，分别为红色、橙色、黄色、绿色、青色、浅蓝色、蓝色，代表不同的人口聚集密度。活动数量法将热力图的颜色与人口聚集密度进行关联，先通过矢量化提取区域内各类颜色的面积，再乘以对应颜色的人口聚集密度值，求得区域内各颜色对应的人口活动数量，最后将区域内各类颜色的人口活动数量求和得到区域内的人口活动总量。在相同区域范围内，人口活动总量越大，说明区域内的人口聚集越密集。

热力图应用的核心是通过提取能表征人口活动强度的时空指标，揭示区域人群时空变化特征。考虑宏观、中观和微观层面的不同需求，数据应满足 3 个要求：能将热力图颜色与人口聚集密度进行关联，以提高数据的准确性和可比性；能根据研究尺度提取不同颗粒度的数据，以满足不同层面的分析需要；能将结果数据转换为点要素，方便在地理信息平台进行空间分析。

本书人群热力图基于腾讯 LBS 服务提供的数据接口绘制，其工作原理是以亿级规模手机用户为基础，基于用户访问腾讯产品(如地图、搜索、天气、音乐等)时的位置信息，统计不同区域内的人口活动数量，并通过客户端渲染得到腾讯热力图，其中统计的位置服务请求数据为脱敏数据，在数据处理的各个环节均不会涉及个人的隐私问题。与传统单一依靠人口普查数据与问卷调查的人群分布研究方法相比，腾讯大数据中的腾讯热力图会进行实时更新(常春慧，2020)。本平台获取接口更新频次为每小时进行一次，当用户访问众多腾讯产品时会记录位置信息，从而计算各地区的人群密度与集聚性，通过不同的颜色和亮度反映，弥补了传统数据来源动态性不足的问题。分别绘制了长江流域荆江河段、淮河沂沭泗流域、嫩江流域齐齐哈尔河段以上三个示范流域防洪保护区的人群热力图，见图 3.3-1 至图 3.3-3。

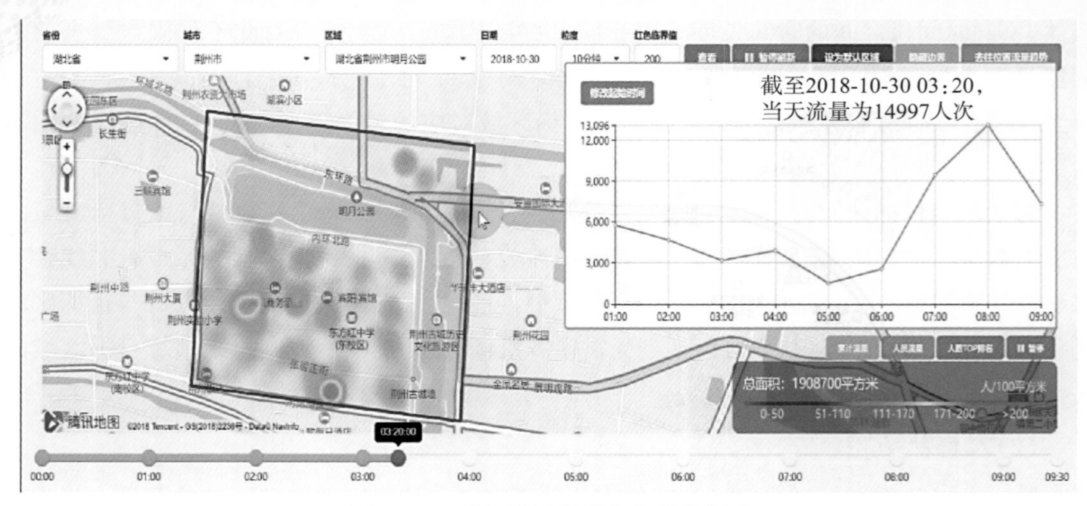

图 3. 3-1　长江流域荆州市人群热力图

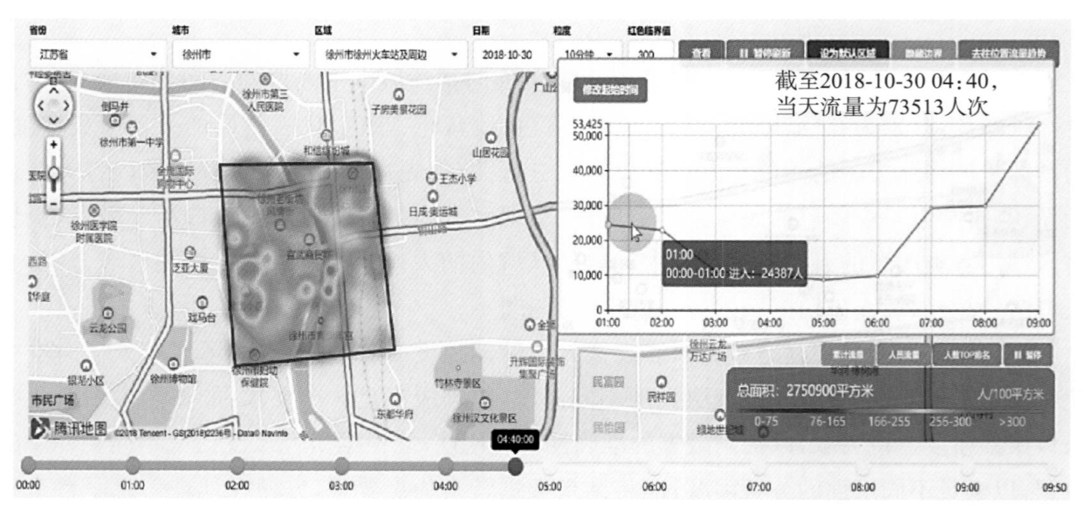

图 3. 3-2　淮河沂沭泗流域徐州市人群热力图

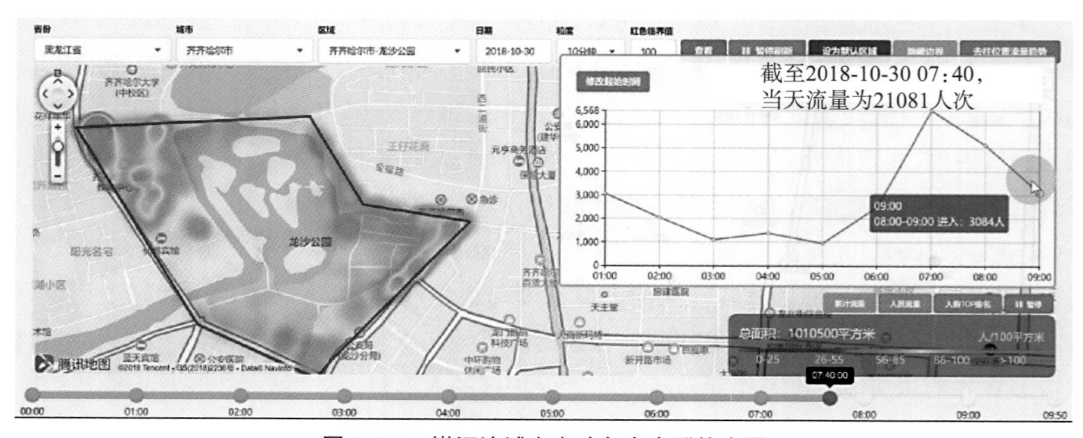

图 3. 3-3　嫩江流域齐齐哈尔市人群热力图

3.3.2 技术应用案例分析

选取长江流域荆江分洪区麻豪口镇、嫩江流域梅里斯乡、淮河沂沭泗流域皂河镇为示范区，基于腾讯 LBS 位置大数据属性接口返回数据以及人口定位转化模型，绘制人群实时(2021 年 9 月 28 日 16 时)分布热力图(红色为人口聚集高密度区，浅色为人口聚集低密度区)。

(1)麻豪口镇实时人群热力图

在荆江分洪区麻豪口镇实时人群热力图中，麻豪口镇南部以及北部的麻口村、江南村、鹅港村、赵家湾村等沿河、沿路地区人群热力图呈红色，人口密集程度较高；中部黄岭村、马尾套村、月湖村人群热力图呈浅色，人口密集程度较低。总体而言，麻豪口镇各处均有人群分布(图 3.3-4)。

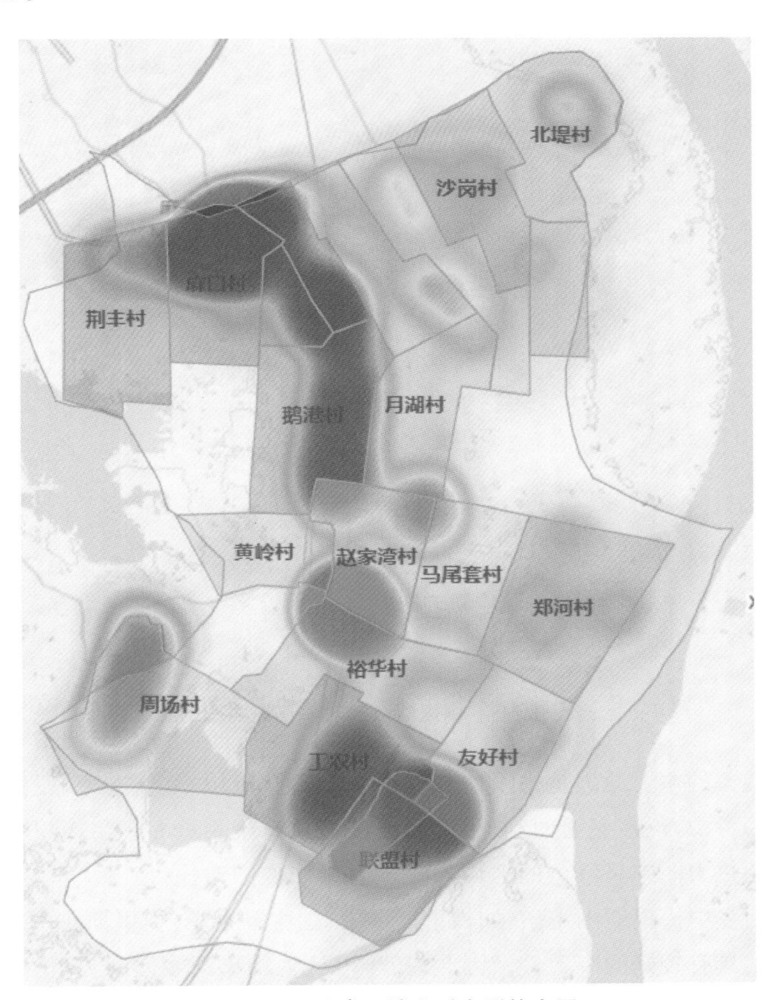

图 3.3-4 麻豪口镇实时人群热力图

造成上述现象的主要原因是荆江分洪区地处荆楚平原，地势平坦开阔，土壤丰沃，宜居性较高。因此，全镇各处均有人口分布，全区人口密度较高。将人群热力图与该处卫星影像图对比发现，麻口村、鹅港村以及赵家湾村人群热力图呈红色，与麻豪口镇卫生院、中心学校以及工厂等职住地位置重合度较高。黄岭村、马尾套村、月湖村人群热力图呈浅色，区域与村组中农田、绿地具有较好的一致性。因此，麻豪口镇实时人群热力图可较好地反映该村组实时人群分布情况。

(2)梅里斯乡实时人群热力图

在梅里斯乡实时人群热力图中，大部分区域呈浅色，仅在省道S302沿线的梅里斯乡、化术村、长胜村以及哈力乡人群热力图呈红色，表明梅里斯乡的人口分布零散，大部分区域鲜有人群活动(图3.3-5)。

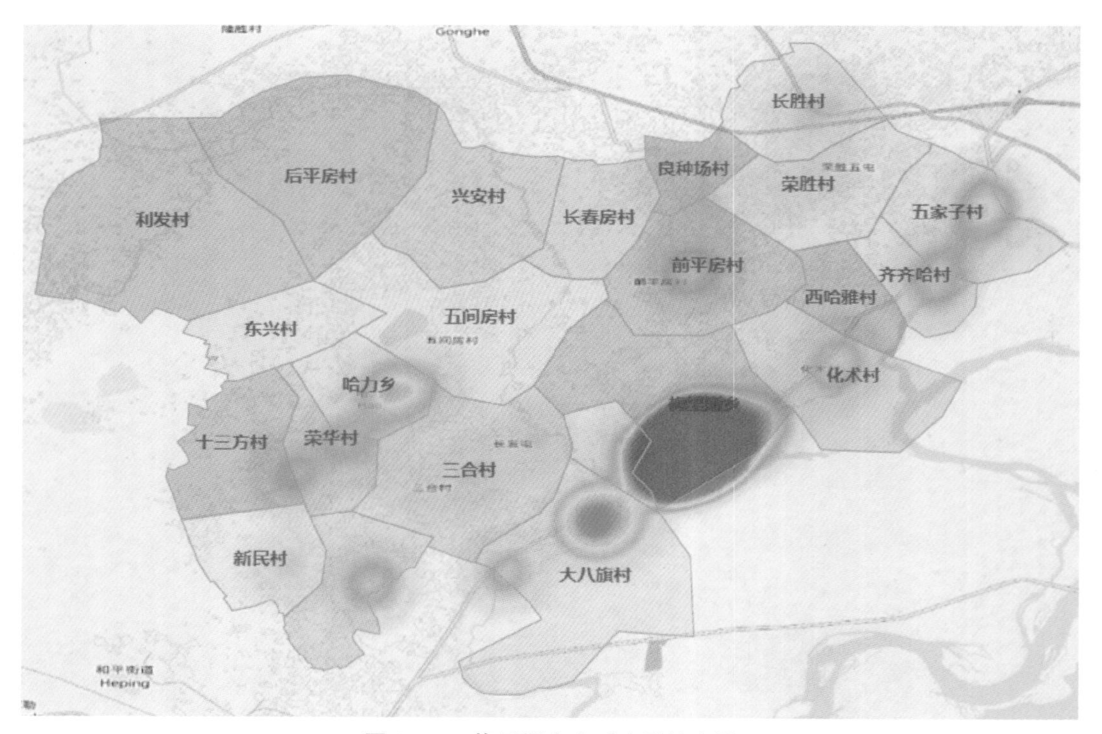

图3.3-5　梅里斯乡实时人群热力图

造成上述现象的主要原因是梅里斯乡位于东北嫩江流域，气候苦寒，受气候条件影响，该区域人烟较为稀少，仅在交通便利、土壤肥沃区域人口聚集分布。将梅里斯乡、化术村以及长胜村等人群热力图中呈红色的区域与实际卫星影像图对比，发现人群热力图中呈红色的区域与梅里斯乡中梅里斯中小学(如梅里斯一中、二中等中学、梅里斯小学)、镇人民政府、梅里斯乡客运站具有较好的一致性。因此，初步可认为梅里斯乡实时人群热力图可较好地反映该区域实时人群分布情况。

(3)皂河镇实时人群热力图

在皂河镇人群热力图中,大部分区域呈浅色,红色区域集中位于中南部沿省道 S250、宿黄线处的赵埝村、三里村、闫南村、街东村。人群热力图表明皂河镇全镇各村均有人口分布,但是在省道 S250、宿黄线分布更为密集(图 3.3-6)。

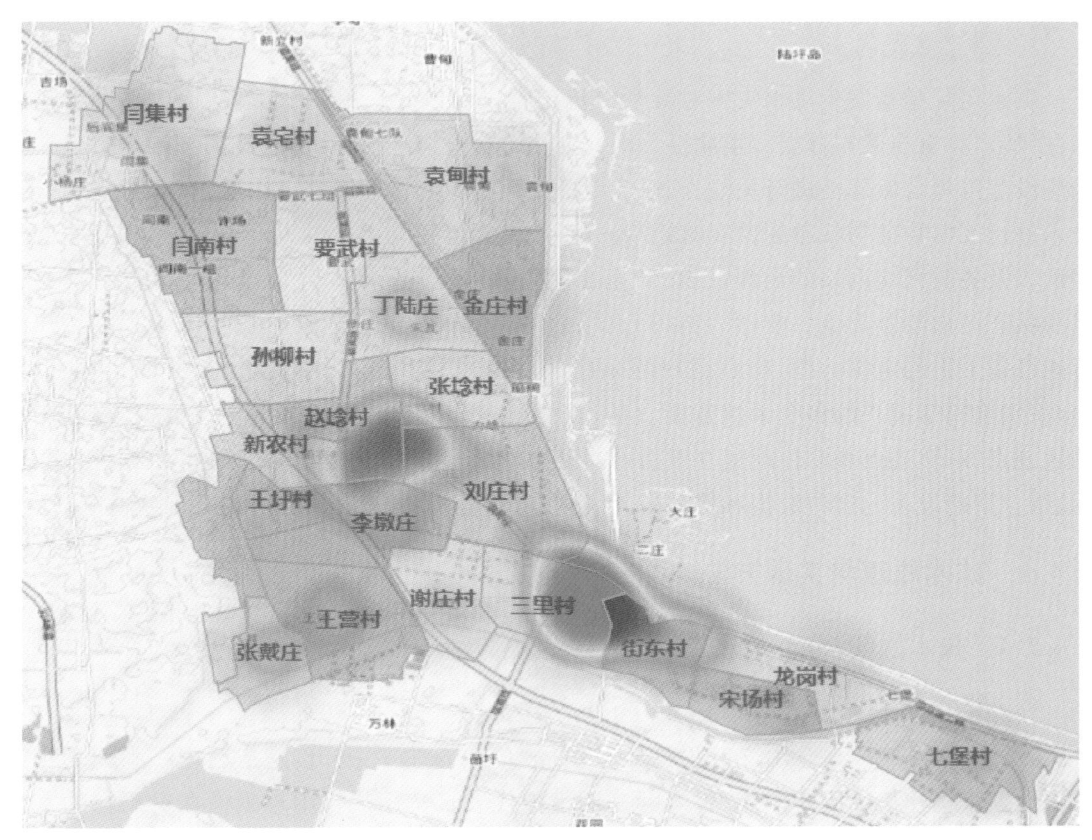

图 3.3-6 皂河镇实时人群热力图

造成上述现象的主要原因是皂河镇为江苏省重点镇,经济发展较好,人口密度较高。因此,全镇大部分区域均有人口分布。此外,受通行便利性影响,人群更加倾向于在省道、宿黄线等交通更为便利的地方定居,因此省道等主干道路处人口更为稠密。将皂河镇实时人群热力图与实际卫星影像图对比发现,人群热力图呈红色的区域与皂河古镇、皂河镇人民政府以及皂河中心小学等人口密集场所具有较好的一致性,因此皂河镇实时人群热力图可较好地反映该镇实时人群分布状态。

对比上述 3 个乡镇实时人群热力图分布数据,发现本平台基于腾讯地图绘制实时人群热力图与实际情况具有较好的一致性。此外,对比 3 个乡镇实时人群热力图发现,上述 3 个乡镇实时人群热力图中集中位于沿河、沿路的工厂、学校、医院以及政府等职住地呈红色,农田、绿地等处呈浅色,结果表明人群分布具有空间不均匀性,人群热力图呈红色区域社会经济价值较高，一旦发生洪水灾害，将会造成较大的负面影响，应是应急避险撤离重点关注区域。因此，在分洪区进行人口转移时，应基于 LBS 人群分布识别数据，在充分考虑各分洪区人口空间分布差异性的基础上合理规划避险撤离路线，可有效提高撤退效率，显著降低洪水灾害对社会经济造成的负面影响。

3.4 基于 LBS 的人群特征与状态图谱实时绘制技术

洪水风险是指发生洪水灾害对社会经济正常发展以及人民生命、财产构成不利影响的潜在风险，具有自然与社会双重属性。因此在进行应急避险时，除需对江河湖泊等自然流域的淹没范围等自然属性进行关注外，还应考虑人群自然和社会属性。因此，有必要基于 LBS 技术进行人群特征与状态图谱实时绘制。近年来，随着智能手机的日渐普及、移动互联网的增加以及各类社交网站的涌现，LBS 产业在中国发展迅速，为基于 LBS 进行人群特征分析以及状态图谱绘制提供可能性。利用 LBS 技术进行人群状态图谱绘制时，系统根据用户的智能设备上报的定位数据，识别用户的职住地，在与职住地的无线网络连接过的智能设备中，识别出属于用户的多个手持智能设备，并根据多个手持智能设备的定位数据，得到用户的轨迹点，对轨迹点和职住地建立索引，并将建立索引后的轨迹点和职住地的数据存入数据库，结合智能设备的定位数据和接入的无线网络，更精确地确认职住地，提高确认精度。

3.4.1 技术原理与实现方法

3.4.1.1 技术原理

(1)用户画像

“用户画像”这一概念由交互设计之父 Alan Cooper 首次提出，是指利用一系列真实可靠的数据来构建群体用户的模型，实际是用虚拟代表真实用户。用户画像在对用户的基本属性、消费行为、生活习惯等主要信息数据收集与分析后，抽象出用户的特征，如年龄、地域、品牌偏好、品类偏好、购买能力等。将用户的所有标签综合起来，进而实现用户的立体“画像”绘制(金探花，2019)。用户画像的用途包含统计分析、数据挖掘、精准营销、产品定制化、业务经营等几个方面。在进行用户画像绘制时，通常包含数据采集、分析建模、画像呈现三大步骤。各步骤主要内容如下：

1)数据采集

数据采集是用户画像绘制的基础，数据的真实性、客观性、随机性都影响结果的可靠性。

2)分析建模

对采集到的数据进行整理，通过统计学方法和相关软件进行分析处理，提炼关键要素，建立模型。

3)画像呈现

通过统计学方法，得出数据处理结果、数据分析统计结果以及实际平台使用需要，给对应用户赋予相应的标签,完成用户画像的绘制。

在洪水灾害应急避险决策支持平台中,用户信息可分为静态和动态两大类。其中,静态数据是用户相对稳定的数据,如年龄、性别等相关信息;动态信息标签,是用户行为变动的数据,如用户的所在空间地理位置。

(2)Geohash 算法

Geohash 是空间索引的一种方式,其基本原理是将地球理解为一个二维平面,通过把二维的空间经纬度数据编码为一个字符串,可以把平面递归分解成更小的子块,每个子块在一定经纬度范围内拥有相同的编码。以 Geohash 方式建立空间索引,可以提高对空间 POI 数据进行经纬度检索的效率,算法执行过程步骤如下(于淼,2015):

算法输入:用户经纬度信息(longitude,latitude)。

算法输出:字符串编码 s。

算法执行过程步骤如下:

①经度信息 longitude 转换为二进制数组 $n_{\text{longitude}}$。

②纬度信息 latitude 转换为二进制数组 n_{latitude}。

③合并数组 $n_{\text{longitude}}$ 和 n_{latitude},合并方式为交叉合并,奇数位来自 n_{latitude},偶数位来自 $n_{\text{longitude}}$,得到两倍长度的新二进制数组 m。

④对新数 m 进行 Base32 编码,得到目标编码 s。

算法流程中包含两次转码:经度、维度信息转换为二进制数组;合并二进制数组,经过 Base32 编码转换为字符串编码。

Base32 编码模式使用 0—9,b—z(去除 i,l,o)共 32 个字符进行编码。转码过程中,首先将二进制数组转化为 32 进制,再按照 Base32 的对应关系一一转码,其对应关系见表 3.4-1。

表 3.4-1　　Base32 编码对应关系表

十进制	0	1	2	3	4	5	6	7
Base32	0	1	2	3	4	5	6	7
十进制	8	9	10	11	12	13	14	15
Base32	8	9	b	c	d	e	f	g
十进制	16	17	18	19	20	21	22	23
Base32	h	j	k	m	n	p	q	r
十进制	24	25	26	27	28	29	30	31
Base32	s	t	u	v	w	x	y	z

Geohash 产出的字符串编码代表的并不是地图上的一个点,而是一个方形区域。这样可以保护用户隐私,由该编码并不能推测出用户的具体位置,仅能得到用户所在区域。该字符串的前缀则代表包含该方形区域的更大的方形区域,从而有利于对地理位置相近用户的

搜索。

Geohash 算法流程中需要将经度、纬度信息转换为二进制数组。转码算法流程如下：

输入：经度、纬度信息。

输出：二进制数组。

①初始化区间 R=(up,down)。

②纬度区间 R 平分成两个区间 R_0=(up,(up+down)/2) 和 R_1=((up+down)/2, down)，如果目标纬度信息属于区间 R_0，则编码 bit=0，当前区间 R=R_0；反之，则编码 bit=1，R=R_1，二进制数组 bits 添加 bit。

③如长度满足精度要求 dim，则输出 bits，否则重复步骤②。

Geohash 将二维的用户经度、纬度信息转换为一维的字符串编码，将全部用户按方形区域进行分组，用户的 Geohash 码相同意味着在同一分组。为了获取用户更多的地理相邻用户，需要使用 Geohash 码进行前缀匹配查找相邻分组。但因为 Geohash 算法中两组二进制编码交叉合并，字符串匹配的准确度不是 100%。

为了提高搜索相邻区域的准确度，本书将 Geohash 编码后自然形成了多个地理方形区域按位置远近进行层次聚类。当搜索目标区域的临近区域时只需查找层次聚类结构的兄弟节点或者上层节点。

(3)层次聚类分组

“物以类聚，人以群分”是人类社会的一个常见现象，如果将之在数学上抽象，就是数据挖掘的一个重要分支，简单来说，聚类分析根据数据中的相关联系，将数据分成 N 个分组，目标是组内数据相关，组间数据不相关。算法的目标是理性化的，能否将数据绝对地分成 N 个无关的分组，依赖实际应用中的数据类型。我们只能尽量通过相关性将数据分组，即保证组内相似度尽量大、组间相关性尽量小的聚类效果。

常规的聚类算法产生单一聚类，即聚类结果是特定的 N 个分组。层次聚类算法产生一个树形结构的聚类层次，也是一个嵌套聚类的层次。为此，我们首先明确嵌套聚类的概念，聚类的嵌套类似程序的嵌套，若一个聚类 R_2 包含于另一个聚类 R_1，这意味着 R_2 嵌套于 R_1 中，或者 R_1 嵌套了 R_2。

为了产生嵌套聚类的层次，层次聚类算法最多包含 N 步计算。依靠合并和分裂的方法，层次聚类算法总是前 k 步聚类基础上生成新聚类，作为($k+1$)步计算的结果。这和数学上的归纳法非常接近。取 C_1 为任意聚类，Similarity(C_i,C_j)为可能的 X 聚类对的函数，该函数可计算两个聚类之间的相邻性。假设 k 为当前聚类的层次级别，伪代码描述合并算法如下：

①初始化：

取 $\hat{A}_0=\{\{X_1\},\{X_2\},\cdots,\{X_n\}\}$；

取 $k=0$；

②重复以下步骤：

$k=k+1$；

在 A_{k-1} 中选择 C_i,C_j 合并，选取原则是 Similarity(C_i,C_j)最大。

合并结果 $C_q=C_i \cap C_j$，新聚类 $A_k=\{\{A_{k-1}-C_i-C_j\},C_q\}$，直至生成单一聚类结果。

层次聚类算法中，合并的向量将保持一致性，在接下来的聚类过程中拥有相同的后继聚类。在实际计算中，先根据数据集中向量间相似度计算的结果，生成相似矩阵。接下来在多轮的合并计算中，持续更新矩阵，完成聚类。矩阵更新算法的伪代码如下：

①初始化：

取 $\hat{A}_0=\{\{X_1\},\{X_2\},\cdots,\{X_n\}\}$；

取 $P_0=P(X)$（相似矩阵）；

$k=0$；

②重复以下步骤：

$k=k+1$；

合并 C_i,C_j 为 C_q，当满足 Similarity(C_i,C_j)最大时，删除矩阵第 i 行和第 j 行，第 i 列和第 j 列，插入新的行列，信息为类 C_q 和其他聚类的相似度，输出本轮聚类结果。

其中，层次聚类分组的叶子节点不是用户，而是 Geohash 算法生成的多个方形区域，即一个个 Geohash 码；层次聚类算法中的 Similarity(C_i,C_j)为计算区域 C_i、C_j 之间的物理距离，这一步通过将 C_i、C_j 的 Geohash 码转换为经纬度信息来计算；合并节点的 Geohash 码取合并对象的均值。

至此，已经完成了层次聚类对用户分组的过程，流程如下：

①Geohash 算法将 LBS 提供的用户地理位置信息转为 Geohash 码，即该用户的原始分组；

②层次聚类生成 Geohash 码之间的层次关系。该层次关系以叶子节点—兄弟节点—父亲节点的结构存储，这样每次获得用户的 Geohash 码，可逐层查找其相邻节点列表，即相邻用户分组列表。

3.4.1.2 实现方法

获取智能设备在预置周期的定位点的数据，对定位点进行过滤及抽稀处理后，进行基于预设的工作时间段、居住时间段和预置周期的带权重的聚类，得到职住地数据，识别出属于同一个用户的多个手持智能设备，将多个手持智能设备的定位点的数据合并，得到用户的轨迹点的数据，以用户的标识为键，将轨迹点的数据和职住地的数据存入分布式数据库，对轨迹点和职住地建立 Geohash 索引，并以 Geohash 值为键，将轨迹点和职住地的数据存入分布式数据库，从而更精确地确认职住地和轨迹点，并根据分布式数据库中存入的轨迹点和职住地的数据，进行职住分布的查询，可支持基于用户、基于区域的任意查询，极大地扩大了查询范围,提高了查询的精确度。对商业选址项目、城市规划项目以及区域广告投放的项目具有高度的参考价值。

根据用户的智能设备上报的定位数据,识别用户的职住地,包括:获取智能设备在预置周期内上报的定位点的数据;按照预置处理规则对定位点进行过滤及抽稀处理;将处理后得到的定位点进行基于预设的工作时间段、居住时间段和预置周期的带权重的聚类,得到用户的职住地的数据,职住地的数据包括工作地和居住地的数据,工作时间段内权重最高的聚类中心点作为工作地,居住时间段内权重最高的聚类中心点作为居住地。

将处理后得到的定位点进行基于工作时间段、居住时间段和预置周期的带权重的聚类,并确认工作时间段内权重最高的聚类中心点作为工作地,居住时间段内权重最高的聚类中心点作为居住地,包括:将预置周期的每一天划分为多个权重时间段,并为每个权重时间段设置不同的工作属性权重和居住属性权重。其中,若权重时间段对应预设的工作时间段,则权重时间段的工作属性权重大于居住属性权重,若权重时间段对应预设的居住时间段,则权重时间段的居住属性权重大于工作属性权重。

按照预置算法,对处理后的定位点基于预设的工作时间段和居住时间段分别进行聚类,得到工作地聚类集合和居住地聚类集合;根据工作地聚类集合中的各工作地的定位时间对应的工作属性权重和居住属性权重,计算各工作地聚类的聚类权重得分;以及根据居住地聚类集合中的各居住地的定位时间对应的工作属性权重和居住属性权重,计算各居住地聚类的聚类权重得分。并将工作地聚类集合与居住地聚类集合按照各自的聚类权重得分分别排序,选取聚类权重得分最高的工作地聚类的中心点作为工作地,选取聚类权重得分最高的居住地聚类的中心点作为居住地。

将轨迹点和职住地数据存入分布式数据库,并建立轨迹点与职住地的 Geohash 索引,并以 Geohash 值为键,将轨迹点和职住地的数据存入分布式数据库,包括:存储用户轨迹表和 Geohash 索引的用户定位点表,其中,用户轨迹表以用户的标识为键,存储用户的轨迹点,Geohash 索引的用户定位点表以 Geohash 值为键,存储 Geohash 值对应区域的所有用户的定位点以及定位时间;存储用户职住表和 Geohash 索引的用户职住表,其中,用户职住表以用户为键,存储用户的职住地,Geohash 索引的用户职住表以 Geohash 值为键,存储 Geohash 值对应区域的所有用户的职住地的经纬度。

若接收到查询区域内的到访用户群的查询指令,则计算得到区域内所有 Geohash 值,并根据分布式数据库中存储的 Geohash 索引的用户定位点表,查询到所有 Geohash 值对应的用户及用户的定位点。并通过查询到的定位点确认到访区域的用户,到访用户群包括确认的所有到访区域的用户。

更具体地来说,可以将工作时间段内或居住时间段内的权重时间段的工作属性权重设置为同一个值,居住属性权重设置为同一个值。例如,工作时间段为 9—17 时,其余时间段为居住时间段,A 权重时间段为 9—10 时,在工作时间段内,B 权重时间段为 13—14 时,也在工作时间段内,A 权重时间段和 B 权重时间段的工作属性权重相同,居住属性权重也相同。工作属性权重大于居住属性权重。

也可以将工作时间段内或居住时间段内的权重时间段的工作属性权重设置为不同的值,居住属性权重设置为不同的值。还依照上述实例,工作时间段为 9—17 时,其余时间段为居住时间段,A 权重时间段为 9—10 时,在工作时间段内,B 权重时间段为 13—14 时,也在工作时间段内,但是 13—14 时可能是午休时间,有可能用户会在 B 权重时间段回居住地休息,因此 B 权重时间段的工作属性权重就可设置为小于 A 权重时间段的工作属性权重,而 B 权重时间段的居住属性权重大于 A 权重时间段的居住属性权重。

根据工作地聚类集合中的各工作地的定位时间对应的工作属性权重和居住属性权重,计算各工作地聚类的聚类权重得分,以及根据居住地聚类集合中的各居住地的定位时间对应的工作属性权重和居住属性权重,计算居住地聚类集合中各居住地聚类的聚类权重得分。工作地聚类集合与居住地聚类集合按照各自的聚类权重得分各自分别排序,选取聚类权重得分最高的工作地聚类的中心点作为工作地,选取聚类权重得分最高的居住地聚类的中心点作为居住地。

3.4.2 技术应用案例分析

基于人群画像、人工智能、云计算等技术及互联网公司和通信运营商的人群大数据,动态绘制涉灾区域内人群特征图谱(包括人群性别、年龄、位置、时间、常住地分布等);在地理信息系统平台的支持下,建立区域可视化人群状态图谱(包括人群热力图、迁徙图、趋势图等),实时掌握受洪水威胁区域内人员聚集、疏散、受困、安置和返迁等情况,实时展现并动态分析受洪水威胁的人口总数、时空分布及转移趋势,实现风险人群的精准识别、实时监控与全过程跟踪,辅助实时撤离路径的制定和人群疏导,为人群的应急避险提供技术支持。

3.4.2.1 年龄画像

图 3.4-1 分别展示了麻豪口镇、梅里斯乡、皂河镇的 LBS 实时人群年龄画像。可以看出,3 个乡镇的年龄画像特征较为一致:中青年(20～29 岁、30～39 岁)人群比例最高 ,麻豪口镇、梅里斯乡、皂河镇分别为 57.63%、50.78%、73.90%;其次为青少年及幼年(20 岁以下)和壮年(40～49 岁)人群;老年(50 岁以上)占比最低,不足 10%。其与户籍人口统计结果差别较大。LBS 难以捕捉老、幼年人群信息的原因在于其数据采集依赖于智能设备,而该年龄段人群较少使用该类设备。鉴于此,需利用户籍人口统计数据、移动应用采集数据在老、幼年人群信息获取上的优势,将该类数据与 LBS 数据进行充分融合,以提升人群监测数据的精度。

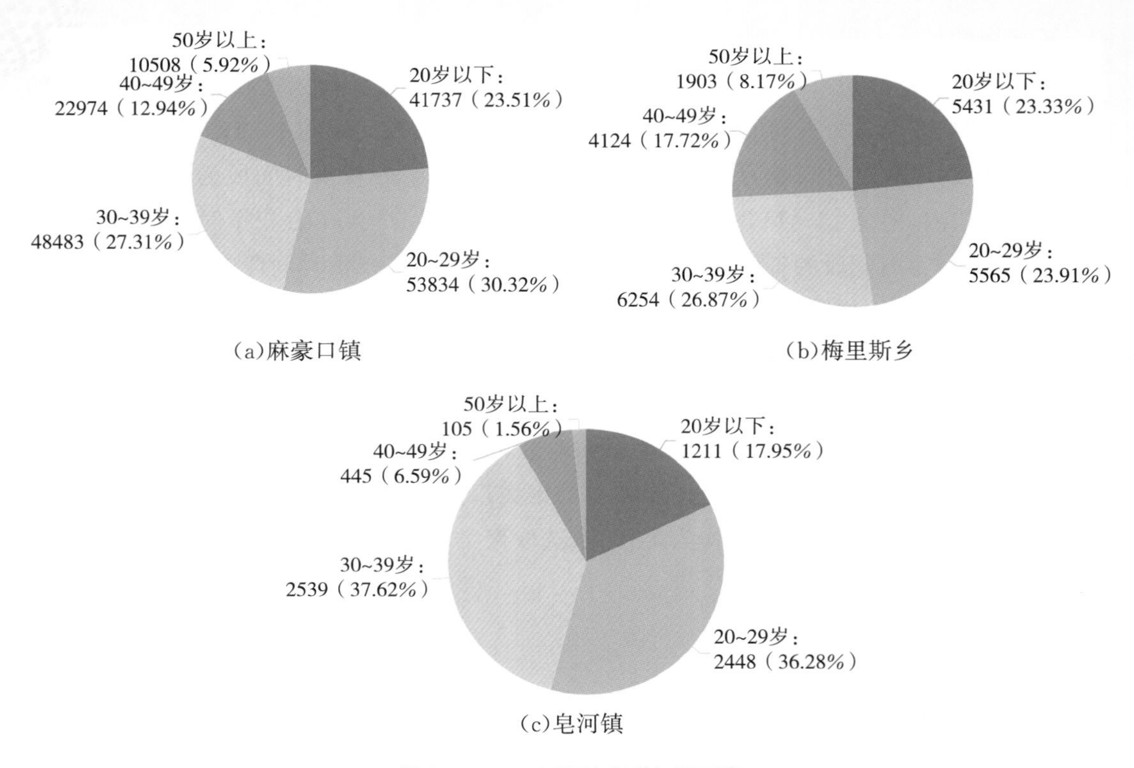

(a)麻豪口镇　(b)梅里斯乡

(c)皂河镇

图 3.4-1　LBS 实时人群年龄画像

3.4.2.2　性别画像

图 3.4-2 给出了麻豪口镇、梅里斯乡以及皂河镇 LBS 实时人群性别画像。结果表明，3 个乡镇的性别画像特征较为一致：男性比例高于女性，其中麻豪口镇、梅里斯乡、皂河镇男性性别比例分别为 60.33%、55.10%、57.45%；女性性别比例分别为 39.67%、44.90%、42.55%。性别画像结果与上述 3 个乡镇人口普查数据具有较好的一致性，均为男性性别比例高于女性，但与实际人口普查数据相比，男性性别比例偏高、女性性别比例偏低。出现上述现象的主要原因是由于男性电子设备普及率较女性更高，可能会出现一人拥有多台移动电子设备现象，因此有必要对原始 LBS 数据进行数据清洗、融合，使区域性别特征刻画更符合真实情况。

3.4.2.3　人口总数

图 3.4-3 展示了 2020 年麻豪口镇、梅里斯乡与皂河镇的 LBS 人口总数变化。可以看出 3 个乡镇的总人数变化呈现出一定的相似性与差异性。相似性体现为：在年内的波动性极大，最大值与最小值之比约为 2∶3；2 月(春节期间)达到全年峰值，远高于其他月份；2 月后，呈整体下降趋势。差异性体现在：变幅不同，梅里斯乡在 4—12 月的变幅明显高于麻豪口镇和皂河镇；变化特征有所差异，梅里斯乡总人数在 7 月(农忙期间)明显回升后迅速降低，麻豪口镇与皂河镇总人数在此期间保持相对平稳。

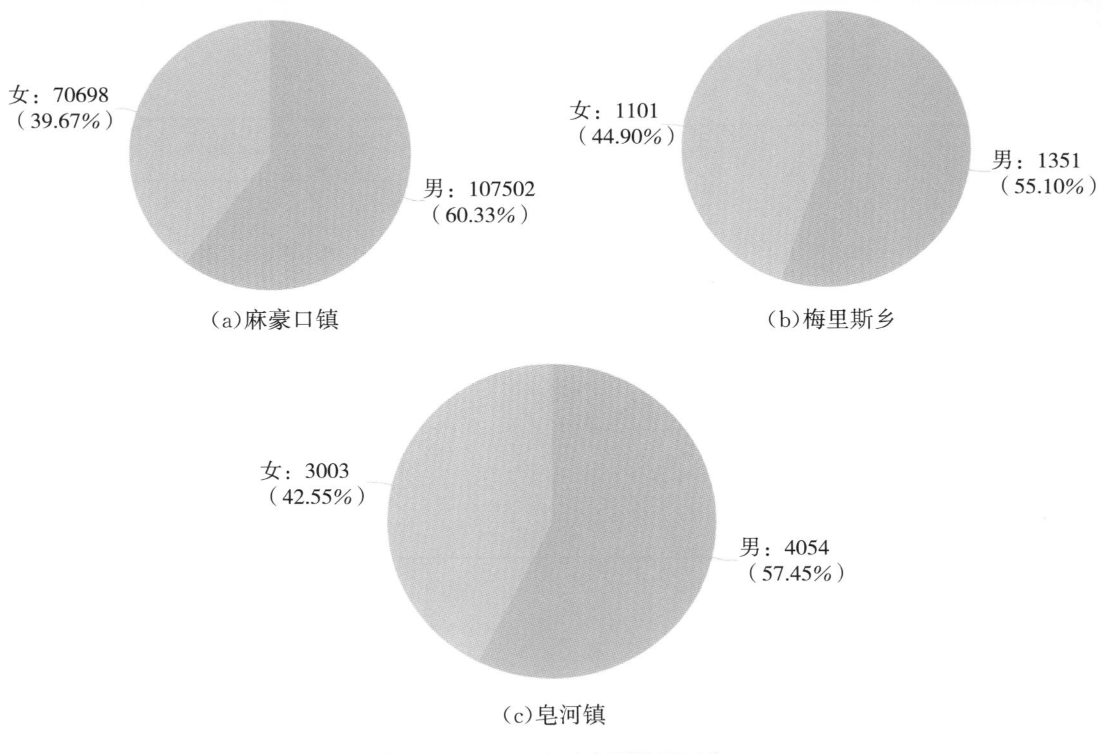

图 3.4-2　LBS 实时人群性别画像

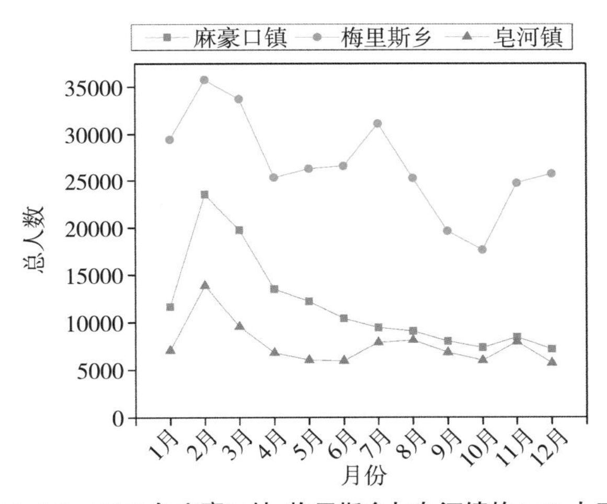

图 3.4-3　2020 年麻豪口镇、梅里斯乡与皂河镇的 LBS 人口总数变化

3.4.2.4　各年龄段人数

图 3.4-4 展示了 2020 年麻豪口镇、梅里斯乡与皂河镇的各年龄段人数变化。可以看出，10～19 岁、20～29 岁与 30～39 岁人群数量在年内均有很大波动，其余年龄段人群数量相对平稳。10～19 岁人数变化主要集中在 2 月、7—8 月两个阶段，是因为青少年学生群体寒、暑假返家；20～29 岁、30～39 岁人数变化主要集中在 2 月，是因为青壮年务工人员春节

返乡。另外，梅里斯乡 20～29 岁、30～39 岁、40～49 岁人数在 7 月也有小幅回升，其原因或为部分外出务工人员返乡农忙耕耘。

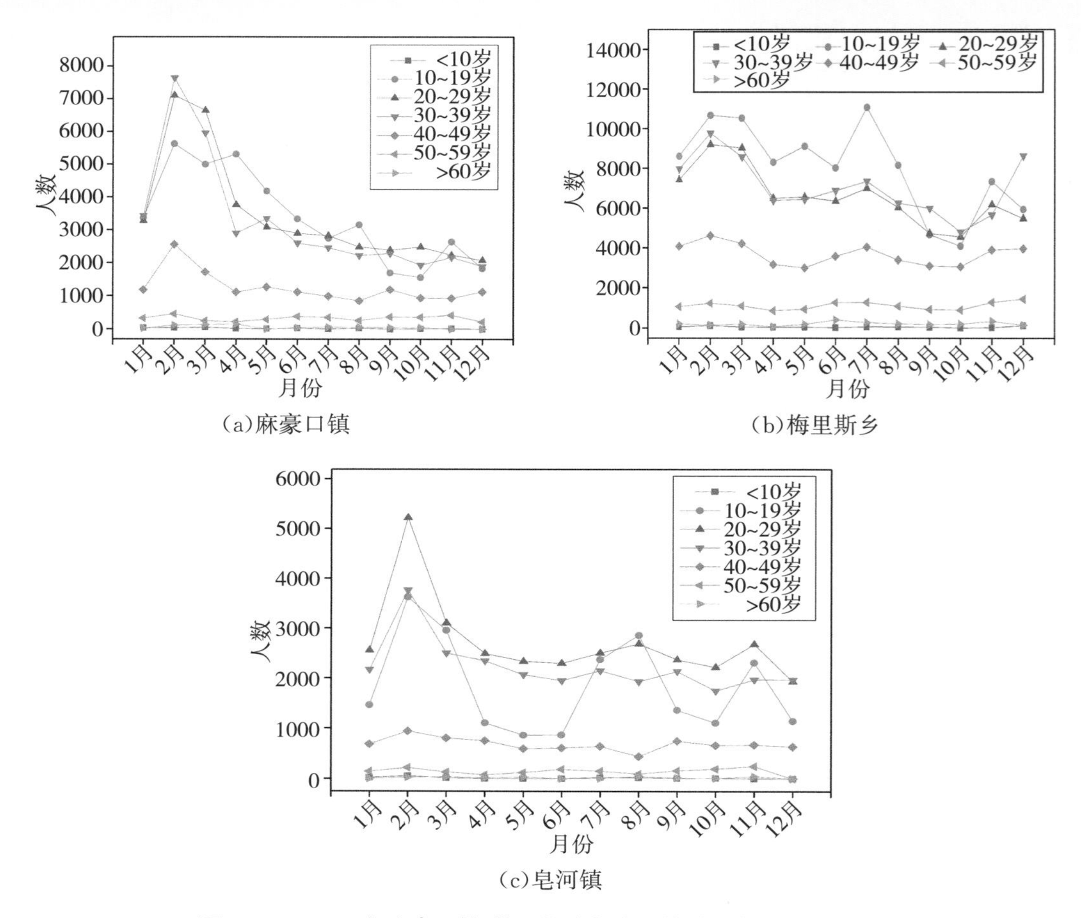

(a)麻豪口镇

(b)梅里斯乡

(c)皂河镇

图 3.4-4　2020 年麻豪口镇、梅里斯乡与皂河镇的各年龄段人数变化

3.4.2.5　各性别人数

图 3.4-5 展示了 2020 年麻豪口镇、梅里斯乡与皂河镇的各性别人数变化。可以看出，3 个乡镇的男性人数略多于女性，且男、女性人数变化趋势基本一致。此外，通过对比发现，男女人口数量增长变化情况与各年龄段保持较好的一致性，均在 2 月以及 7—8 月表现出显著上升，但是男女性别在 2 月与 7—8 月增长情况具有较大差异。上述 3 个乡镇在 2 月男性人口增长变化情况均大于女性，但在 7—8 月男性人口增长变化情况与女性差异不大，造成上述差异的主要原因是外出务工人群比例与青少年外出求学性别比例不一致。在外出务工人群中，男性数量显著高于女性，但在外出求学人群中男女性别比例差异不大。基于人口活动时间、性别差异性，有必要对行洪区全年性别情况进行状态图谱绘制。

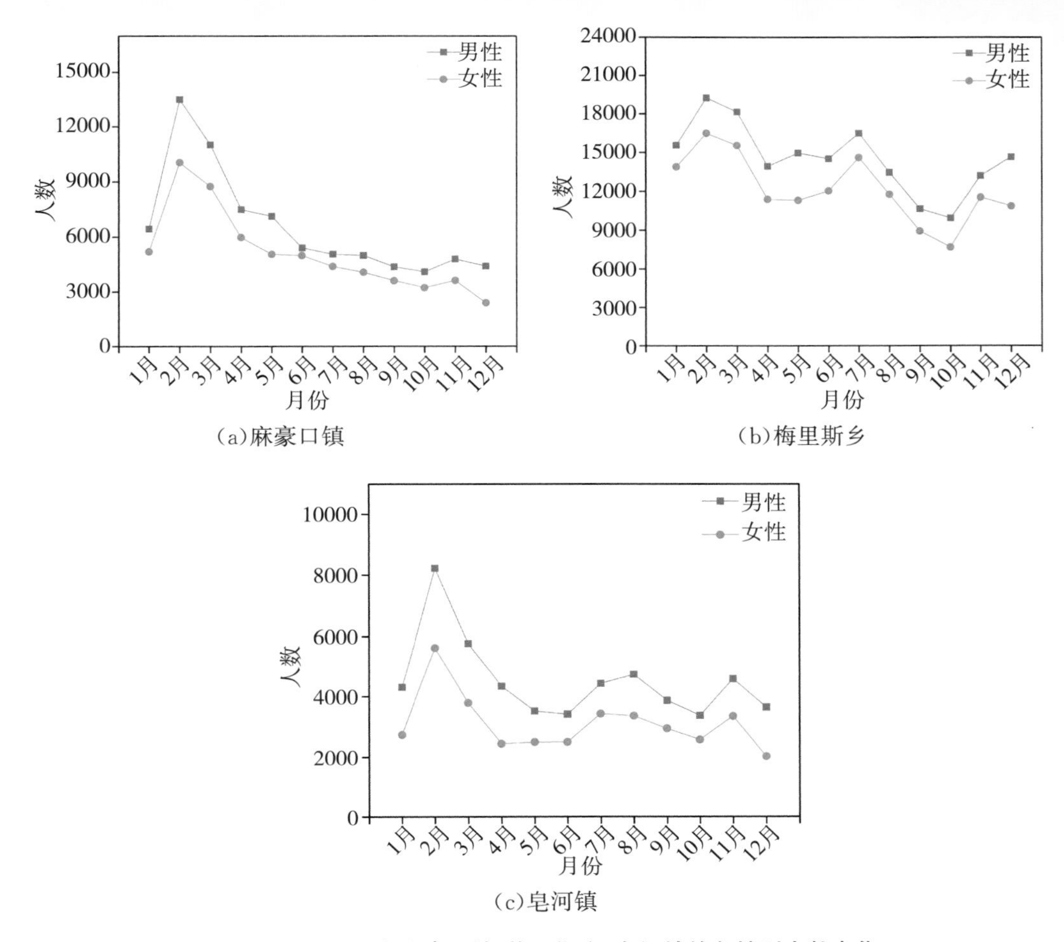

(a)麻豪口镇

(b)梅里斯乡

(c)皂河镇

图 3.4-5　2020 年麻豪口镇、梅里斯乡、皂河镇的各性别人数变化

3.4.2.6　人口空间分布特征

基于2020年几个典型日期(1月1日、4月1日、7月1日与10月1日)的LBS人群热力数据,对麻豪口镇、皂河镇以及梅里斯乡的人口空间分布特征进行分析,结果见图3.4-6至图3.4-8(红色为人口聚集高密度区,浅色为人口聚集低密度区)。

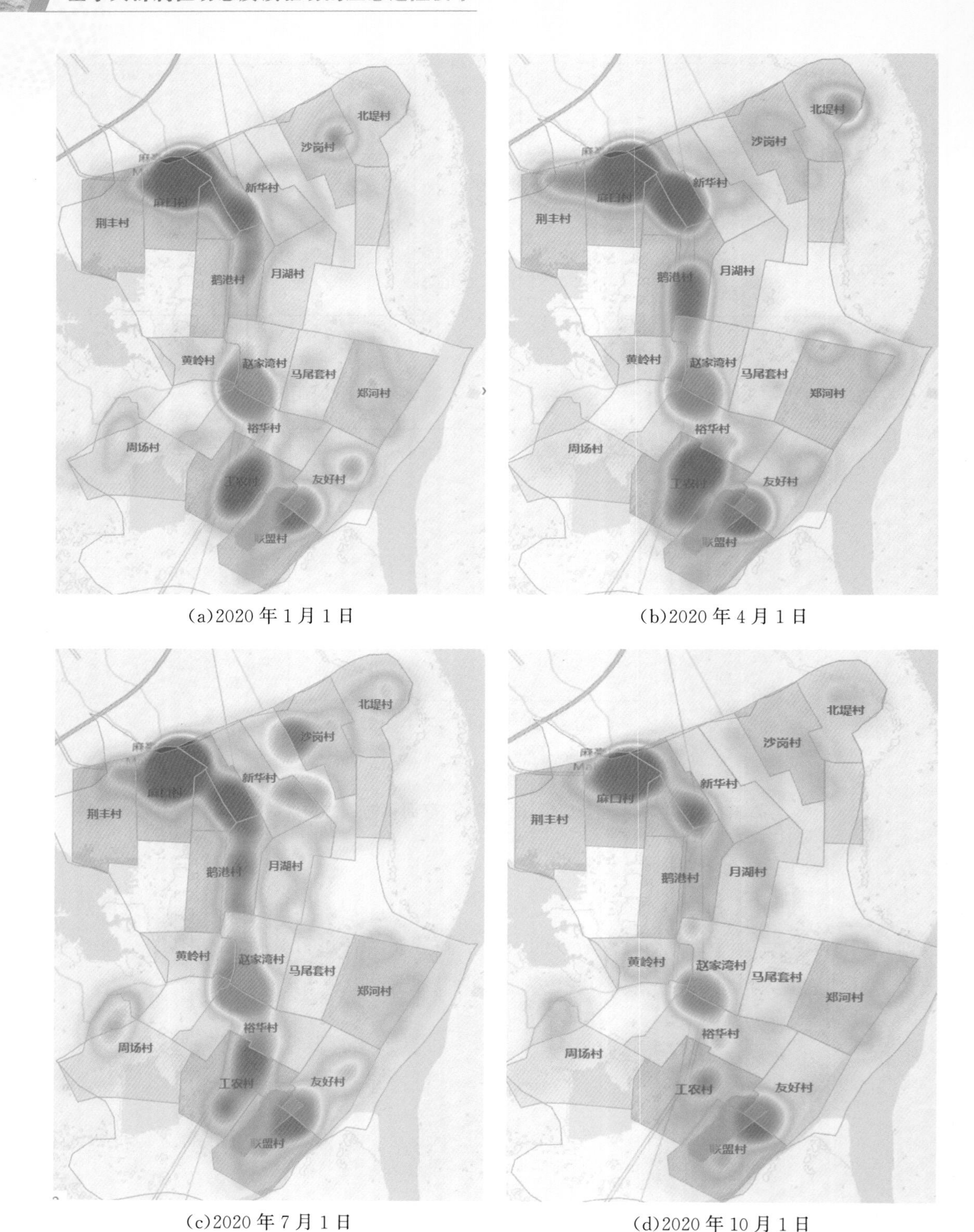

(a)2020 年 1 月 1 日　　(b)2020 年 4 月 1 日

(c)2020 年 7 月 1 日　　(d)2020 年 10 月 1 日

图 3.4-6　麻豪口镇人群热力图

(a)2020 年 1 月 1 日

(b)2020 年 4 月 1 日

(c)2020 年 7 月 1 日

(d)2020 年 10 月 1 日

图 3.4-7　梅里斯乡人群热力图

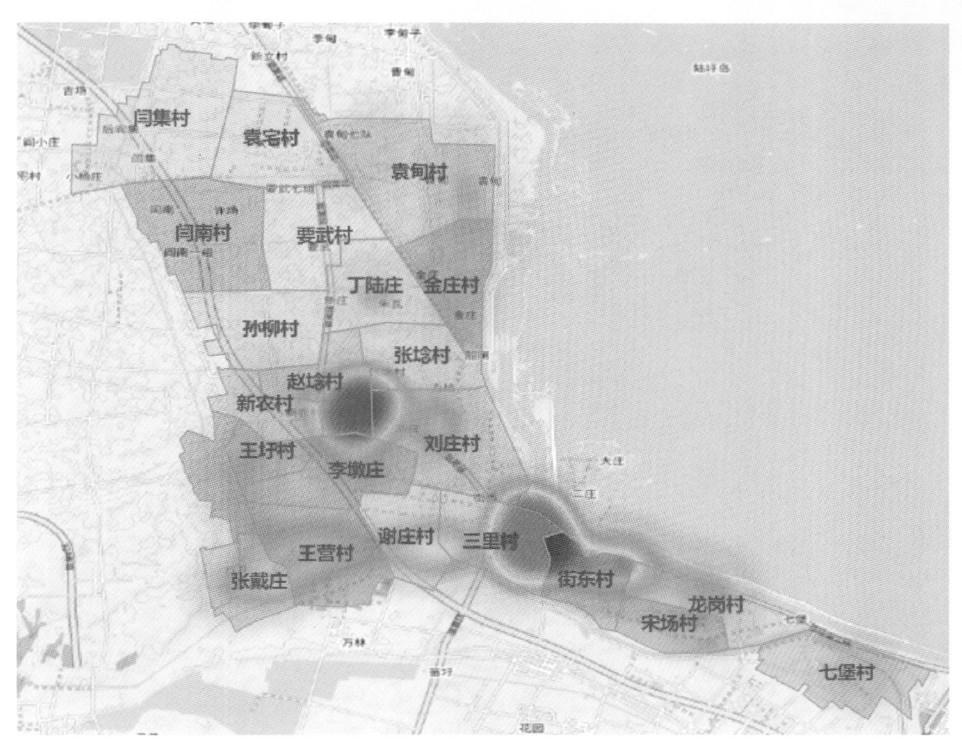

(a)2020 年 1 月 1 日

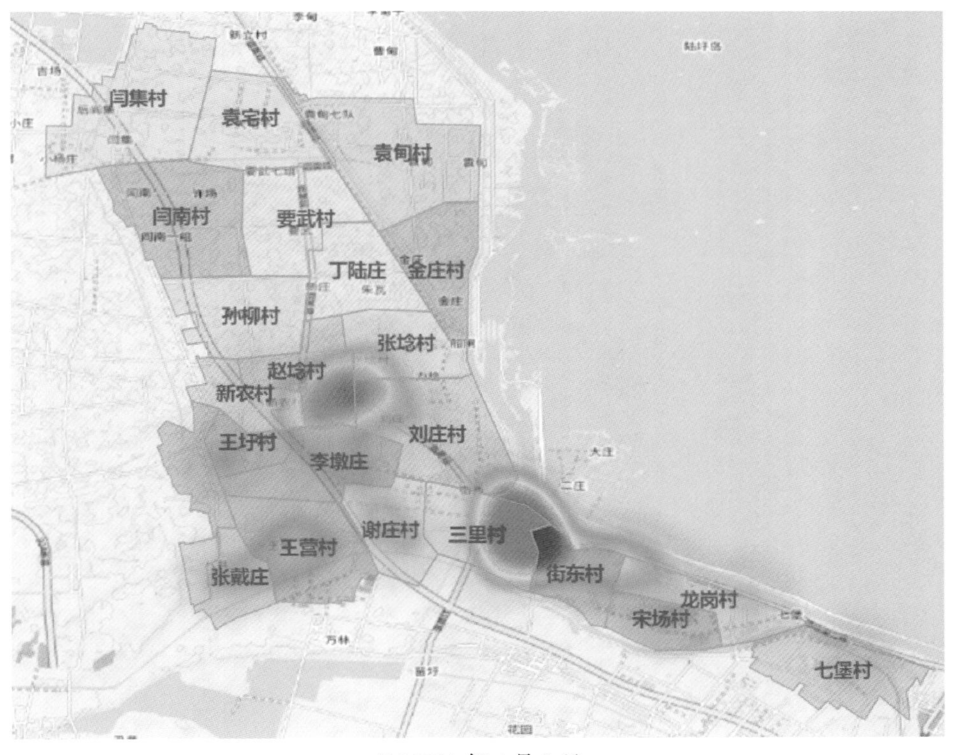

(b)2020 年 4 月 1 日

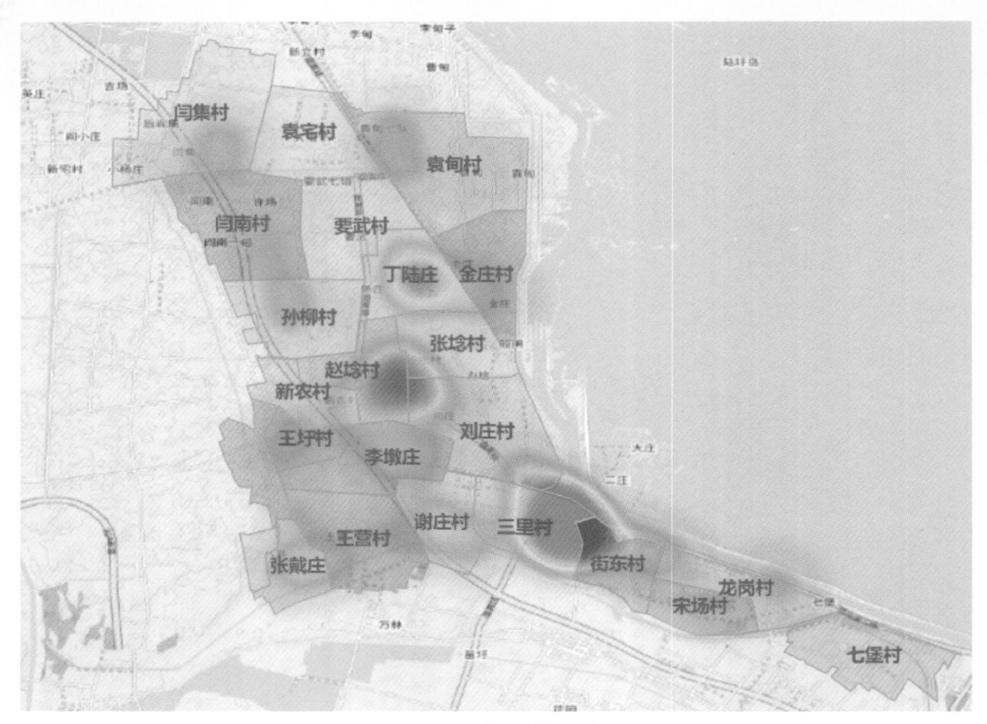

(c)2020 年 7 月 1 日

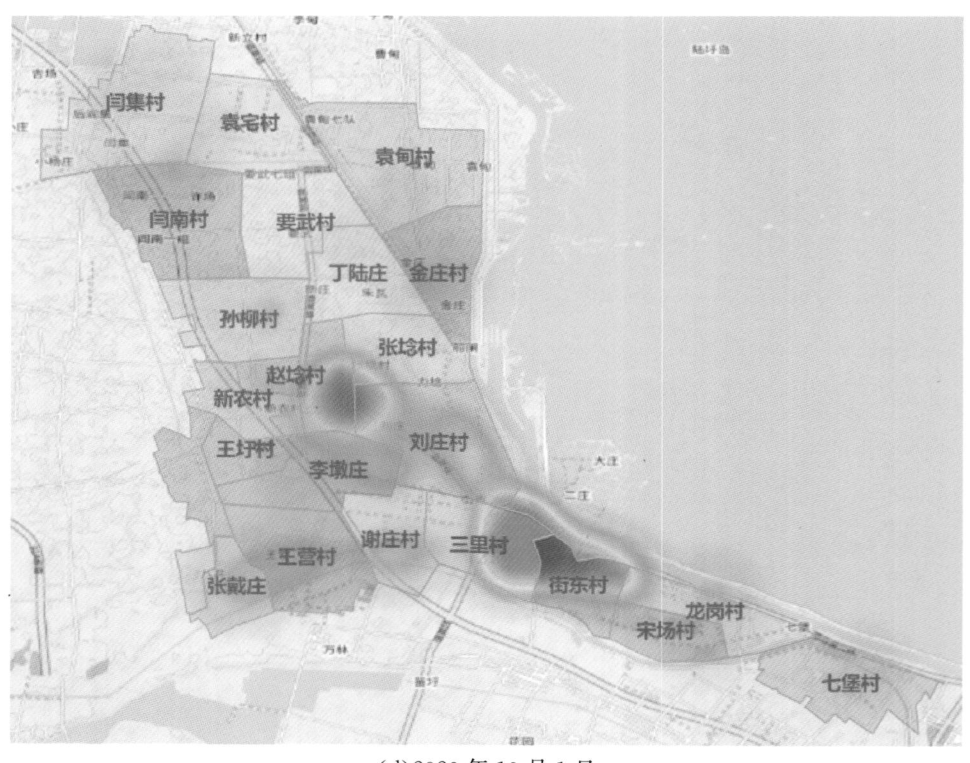

(d)2020 年 10 月 1 日

图 3.4-8　皂河镇人群热力图

在上述几个日期中，3 个乡镇的人口密度分布均呈现出明显的时空不均匀性，详情如下：

1)各分洪区年内人口具有一定流动性

在上述 4 个典型日期内，3 个分洪区人群热力图均在发生变化，造成上述现象的原因是人口具有一定流动性，在制定应急避险方案时，若采用年平均人口分布数据或某一时刻人口分布数据可能科学性欠佳，因此有必要基于 LBS 技术对实时人群分布状态进行描绘。

2)人口大多沿主干道路呈点状聚集分布

麻豪口镇中各村组居民地主要位于省道 S221 沿线、皂河镇各村组居民地主要位于省道 S250 以及宿黄线沿线、梅里斯乡人口主要位于省道 S302 沿线。主要是由于距离主干道路近，交通便利，更有利于居民出行以及经济发展。此外，人口沿主干道路也并非均匀分布，多以村组居民地为中心，呈点状聚集。因此，若在突发洪水灾害时缺乏科学有序的应急撤离机制，极有可能造成交通拥堵，严重影响应急避险撤离效率。

基于 LBS 技术进行人口年龄、性别、总数以及空间分布特征画像绘制，进一步了解各分洪区人群特征，可为后续科学制定防洪方案、科学规划应急避险方案提供理论依据和数据支撑。

3.5 基于多源数据融合技术的人群识别方案

3.5.1 技术原理与实现方法

LBS 人群数据实时性佳、覆盖范围广，但由于依赖智能设备进行数据采集，难以有效监测老、幼年人群分布信息；户籍人口统计数据或移动应用定向采集数据可精准获取老、幼年人群信息，但实时性不足、样本全范围采集难度大。因此，可利用多源数据融合技术对 LBS 实时人群数据与移动应用采集人群数据进行融合，充分挖掘各源数据的优势，实现人群的实时精准全范围识别。鉴于各源人群数据之间的空间非平稳关系，本节提出的多源数据融合技术主要基于地统计方法(如地理加权回归)实现。

3.5.1.1 数据融合

数据融合主要是对不同数据源的数据做出的合理处理。通过不同的方案达到对同一实体表现的统一，其不仅将不同的数据结合起来，还解决了数据间存在的矛盾，创建了各个数据源中数据彼此间的对应关系，从而创建了一个实体的多方面信息。并且，基于数据彼此间的关系，进一步可获得数据源彼此间的关系，为数据源的分析提供基础。数据融合是多源数据间的无缝集成，存在多种数据源是需要进行数据融合的主要原因。根据数据源之间的关系，将数据分为互补型、冗余型和协作型。数据融合方式的情况见图 3.5-1。

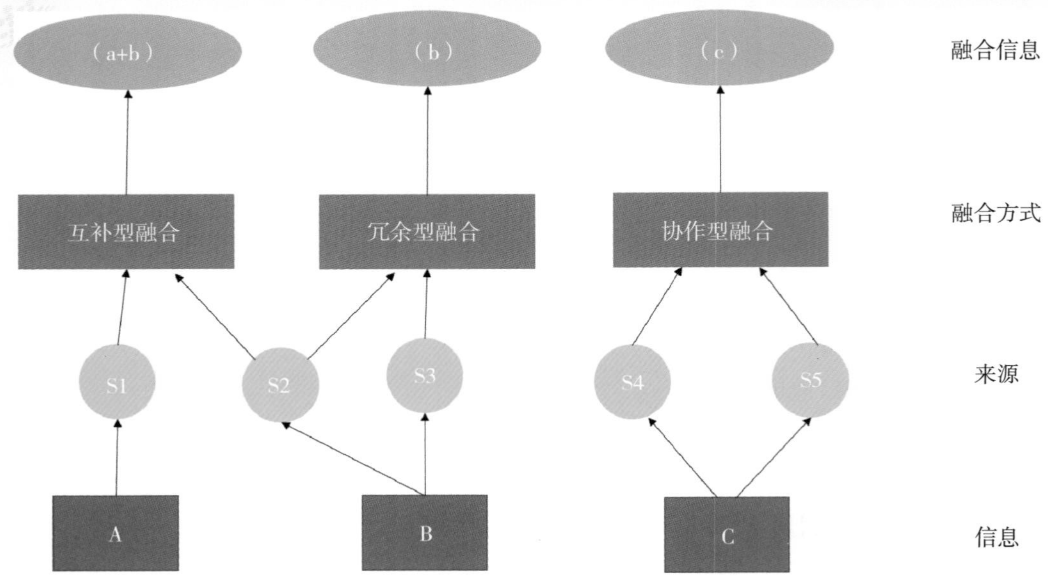

图 3.5-1　数据融合方式

(1)互补型

输入数据的信息代表同一场景的不同部分且可以用来获得更完整的全局信息,互补型数据往往属于统一范畴,比如同属语音数据。

(2)冗余型

两个或多个输入数据的来源提供了对同一目标的信息且可以融合来增强可信度。冗余数据也属于同一范畴,但是数据本身有较多重叠,比如两个摄像头覆盖区域存在重叠。

(3)协作型

多个输入数据可以组合成远比原始信息更复杂的信息。比如多模数据(声音和视频)融合通常认为是协作型的。

LBS 技术虽有人群定位识别能力强、人群画像及展示方式多元直观化的优势,但仍然存在以下问题:利用 LBS 技术进行人群识别时,由于一人可能拥有多台电子设备,直接利用互联网以及移动运营商的人群定位识别数据可能会发生重复,因此需要进行数据清洗与融合。此外,由于老年人、小孩可能无手机,或者非智能手机可能无法利用 LBS 技术进行定位识别,因此有必要开发应急疏散移动应用人工填报入口,用户可对家庭中无法利用 LBS 技术进行人群定位的人员的基础信息进行填报。通过上述操作处理,人群识别结果与实际情况更加符合。由于人群识别数据既来自 LBS 定位,又来自人口手动填报,因此在进行数据融合时采用协作型融合方式。

在数据融合的过程中,一个重要的问题是:我们要在什么环境下进行数据融合?基于此,可以将数据融合分为三类:

1)集中式结构

在集中式结构中，数据融合的节点在中央处理器上，因此全部的融合过程都在一个中央处理器上进行。但是这种结构存在很多缺点，比如观测到的数据都需要传输到中央处理器，因此需要很高的数据带宽。此外，不同数据来源的数据传输到中央处理器需要的时间不同，需要对数据进行同步。因此，集中式结构尽管在理论上是完美的结构，但是在实际情况中会受到各项制约。

2)分散式结构

在分散式结构中，数据融合的节点在一组网络的各个节点上，每个节点都有各自的处理能力，并对当前节点和周围节点的信息进行融合。分散式结构最大的缺点是通信损耗，尤其是每一个节点都需要和它之外的每一个节点进行通信。当节点数增大时，这种结构的可拓展性较差。

3)分布式结构

在分布式结构中，对于每一个数据来源节点的处理是单独进行的，处理的结果发送至融合节点，每一个融合节点负责处理接收到的其他节点的信息。这种结构提供了更灵活的配置，可以只有一个融合节点，也可以有多个中间融合节点。分布式结构与分散式结构的区别在于分布式结构有一个预处理，而分散式结构每一个节点都执行数据融合的所有流程，因此分布式结构能够节省通信成本和计算开销。

此外，由于人群识别信息数据量大、数据类型多(涉及年龄、性别等基本信息以及地理位置等空间信息)，属于多元异构数据，因此在进行数据融合时，采用分布式结构，提升配置灵活性，节省通信成本和计算开销。

3.5.1.2 地理加权回归

(1)GWR 模型定义

在传统的地学空间分析中，通常采用全局回归模型来定量描述空间变量之间的依赖关系，即假定回归参数与样本数据的地理位置无关，保持全局一致性(马兰，2018)。然而，在空间统计中，所获取的 n 组观测值一般都是从 n 个不同的地理位置上采集而来的，因此数据可能呈现出一种空间关系，不同位置处的回归参数往往存在差异，也就是说回归参数随地理位置而改变。而一般的全局回归模型从最初就假设回归参数与样本点的空间位置无关，即在整个研究区域内始终保持稳定不变，其假设的实际意义就是这 n 个样本点是从同一个空间位置中重复 n 次采样获取的，这与我们的实际样本采集情况不符。为了弥补全局回归的不足，Brunsdon、Fortheringham 等(Brunsdon 等，1996；Fortheringham 等，2002)基于局部光滑思想提出了一种空间变参数的回归技术——地理加权回归(Geographically Weighted Regression，GWR)。相比于以上对全局平均化的模型，GWR 充分考虑到了区域位置变化带来的局部变化特征，将样本点的地理信息考虑到参数的估计中，GWR 模型和普通线性回归模型回归参数的空间分布差异可参见图 3.5-2。

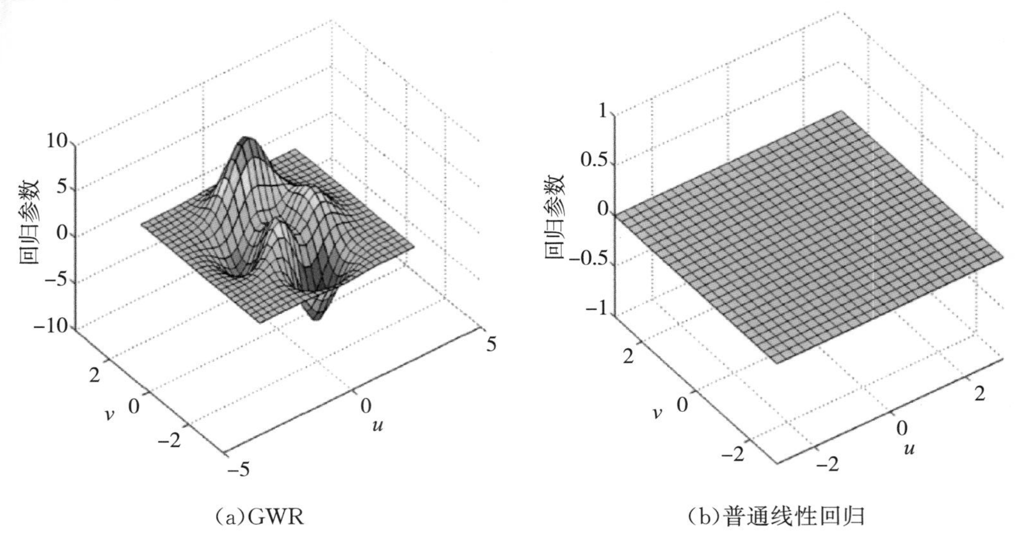

图 3.5-2　GWR 模型与普通线性回归模型回归参数的空间分布差异

GWR 模型是将数据的空间位置嵌入线性回归模型，使回归参数变为空间位置的函数，以此来探测空间回归关系的非平稳性。对于某一变量 y，在区域内存在 n 个观测点，则 GWR 模型可表达为：

$$y_i = \beta_{i0} + \sum_{k=1}^{p} \beta_{ik} x_{ik} + \varepsilon_i (i = 1, 2, \cdots, n) \tag{3.5-1}$$

式中：x_{ik} ——第 i 个观测位置处 y 的第 k 个解释变量；

p ——解释变量个数；

β_{ik} ——第 i 个观测位置处的第 k 个回归参数，为空间位置的函数；

ε_i ——模型回归残差，服从独立正态分布。

若 $\beta_{10} = \beta_{20} = \cdots = \beta_{n0}$，且 $\beta_{1k} = \beta_{2k} = \cdots = \beta_{nk}$，则 GWR 模型退变为普通线性回归模型。

式(3.5-1)可用矩阵表示如下：

$$y = (\boldsymbol{X} \otimes \boldsymbol{\beta}^{\mathrm{T}}) I + \varepsilon \tag{3.5-2}$$

式中：$\otimes$ ——矩阵的逻辑乘；

y ——被解释变量矩阵；

$\boldsymbol{X}$——解释变量矩阵；

$\boldsymbol{\beta}$——回归参数矩阵。

其具体形式分别为：

$$y = (y_1, y_2, \cdots, y_n)^{\mathrm{T}} \tag{3.5-3}$$

$$\boldsymbol{X} = \begin{pmatrix} \boldsymbol{X}_1 \\ \boldsymbol{X}_2 \\ \vdots \\ \boldsymbol{X}_n \end{pmatrix} = \begin{bmatrix} 1 & x_{11} & x_{12} & \cdots & x_{1p} \\ 1 & x_{21} & x_{22} & \cdots & x_{2p} \\ \vdots & \vdots & \vdots & & \vdots \\ 1 & x_{n1} & x_{n2} & \cdots & x_{np} \end{bmatrix} \tag{3.5-4}$$

$$\boldsymbol{\beta}=[\boldsymbol{\beta}(1),\boldsymbol{\beta}(2),\cdots,\boldsymbol{\beta}(n)]=\begin{bmatrix}\beta_{10} & \beta_{20} & \cdots & \beta_{n0}\\ \beta_{11} & \beta_{21} & \cdots & \beta_{n1}\\ \vdots & \vdots & & \vdots\\ \beta_{1p} & \beta_{2p} & \cdots & \beta_{np}\end{bmatrix} \tag{3.5-5}$$

GWR 模型中回归参数 $\boldsymbol{\beta}(i)=(\beta_{i0},\beta_{i1},\cdots,\beta_{ip})^{\mathrm{T}}$ 的估计采用加权最小二乘法(Weighted Least Squares,WLS),即寻找估计值 $\hat{\boldsymbol{\beta}}(i)=(\hat{\beta}_{i0},\hat{\beta}_{i1},\cdots,\hat{\beta}_{ip})^{\mathrm{T}}$ 需满足:

$$\hat{\boldsymbol{\beta}}(i)\underset{\boldsymbol{\beta}(i)}{\operatorname{argmin}}\left\{\sum_{j=1}^{n}w_j(i)(y_j-\beta_{i0}-\sum_{k=1}^{p}x_{jk}\beta_{ik})^2\right\} \tag{3.5-6}$$

式中:$w_j(i)$ ——空间权函数,随样本观测点 j 与回归点 i 之间的地理距离单调递减。

对式(3.5-6)进行求解,可得 GWR 回归参数的估计值,其矩阵形式为:

$$\hat{\boldsymbol{\beta}}(i)=(\boldsymbol{X}^{\mathrm{T}}\boldsymbol{W}(i)\boldsymbol{X})^{-1}\boldsymbol{X}^{\mathrm{T}}\boldsymbol{W}(i)\boldsymbol{y} \tag{3.5-7}$$

上式中,$\boldsymbol{W}(i)=\mathrm{diag}[w_1(i),w_2(i),\cdots,w_n(i)]$ 为权重矩阵。

第 i 个观测点被解释变量的估计值 $\hat{y}_i$ 为:

$$y_i=\boldsymbol{X}_i\hat{\boldsymbol{\beta}}(i)=\boldsymbol{X}_i(\boldsymbol{X}^{\mathrm{T}}\boldsymbol{W}(i)\boldsymbol{X})^{-1}\boldsymbol{X}^{\mathrm{T}}\boldsymbol{W}(i)y \tag{3.5-8}$$

(2)GWR 模型拟合

GWR 模型的拟合是在普通最小二乘法基础上采取加权最小二乘法的方法。GWR 模型估计的未知参数值随着采样点的变化而变化,所估计参数的个数也就远远大于观测点的个数,因此传统的最小二乘法就不适合用于估计未知参数(赵大地,2019)。基于回归的未知参数所在区域是连续的假设,便可知邻近区域的参数值相差不大。对具体的观测点 i,选取它和它相邻的观测点的数据,构建多元线性回归模型,依然采用最小二乘法进行回归参数估计,得到 $\beta_{:}k(k=0,1,\cdots,p)$,对于其他的观测点也可同理求出回归参数。然而由于在进行回归参数估计时选用了其他观测点的数据,就会导致相应的观测点上的参数估计有误差。所以,在对参数进行估计时,选取的子样本规模越小,估计的回归参数偏差也就越小;相反,选取的子样本规模越大,估计的回归参数偏差也就越大。如果仅从降低偏差的角度考虑,所选取的子样本规模越小越好,但是样本过小又会导致回归参数估计值的方差变大。为了充分利用观测点数据,同时降低回归参数偏差,提高精度,对上述方法进行修正:在估算观测点 i 的回归参数时,对附近观测点的数据赋予不同的权重,距离 i 点越近的数据权重越大,反之越小,这就是加权最小二乘法。

$$\sum_{i=1}^{n}w_{ij}(y_j-b_{i0}-\sum_{k=1}^{p}b_{ik}x_{ik})^2 \tag{3.5-9}$$

式中:w_{ij} ——观测点 i 与相邻观测点 j 的距离 d_{ij} 的单调递减函数,又称为空间权函数。

(3)GWR 空间权函数

空间权函数的选取对于 GWR 模型的回归参数的估计十分重要,在进行 GWR 中,Gauss 函数和截尾函数为常用的两种空间权函数。

Gauss 函数是一个连续单调递减的函数，以此形式的权重函数来描述 w_{ij} 和 d_{ij} 之间的关系，优化了距离反比函数和距离阈值函数不连续的缺点。故在估计 GWR 参数中被广泛应用，其函数具体形式如下：

$$w_{ij}=\exp(-(d_{ij}/b)^2) \tag{3.5-10}$$

式中：d_{ij}——观测点 i 与相邻观测点 j 之间的距离；

b——带宽，是用于表示 w_{ij} 与 d_{ij} 之间关系的非负参数。

所谓截尾是指在实际应用中为了提高计算效率，对回归参数的估计中将那些影响很小的数据点忽略掉，不考虑到估计中去，并寻求一个与 Gauss 函数近似等价的简单函数来进行计算，以 bi-square 函数最为常见：

$$w_{ij}=\begin{cases}[1-(d_{ij}/b)^2]^2 & (d_{ij}\leqslant b)\\ 0 & (d_{ij}>b)\end{cases} \tag{3.5-11}$$

bi-square 函数是距离阈值函数和 Gauss 函数的结合，若样本观测点 i 落在回归点的带宽 b 的领域范围内，则用近似的 Gauss 函数计算对应距离下的权重；若样本观测点 i 不在回归点的带宽 b 的领域范围内，则权重值为 0。若带宽的取值越大，随距离的增加，权重的衰减速度越慢，而与回归点距离为 b 的观测点权重趋于 0，因此即使由于带宽移动导致数据点进入和移出，参数的估计值也不会出现突变的情形。

（4）回归估计的带宽

在（3）中提及的几种空间权函数设定中，都涉及了一个收缩权重随着距离衰减快慢的常数 b，即带宽。对于一个特定权函数，带宽的大小对于权重的赋予影响十分显著，带宽越大，回归系数的偏差就会越大；带宽如果取得越小，就会出现估计参数的方差过大的问题。综合考虑研究对象的特性、Gauss 函数以及截尾自身属性特点，采用 Gauss 函数对空间权进行计算，其带宽与权重的关系见图 3.5-3。

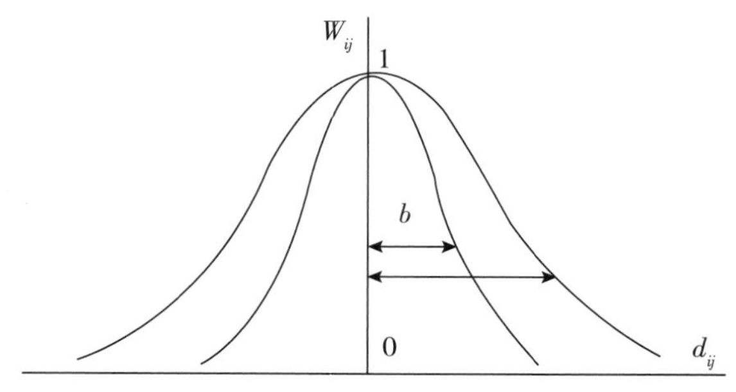

图 3.5-3　Gauss 函数带宽与权重的关系图

带宽 b 越小，函数走势越陡峭；反之，带宽 b 越大，函数走势越平缓。当 b 减小为 0 时，函数的权重只有在观测点 i 处为 1，其余各处为 0；当 b 增到无穷大时，函数的权重在所有点处都为 1，此时 GWR 模型也就变成了普通线性回归模型。

目前 GWR 中常有以下几种方法进行带宽估计：

1)交叉验证法(Cross Validation,以下简称 CV)

CV 最早由美国普渡大学计算机科学系教授 Swain William II Cleveland 提出,用于进行局部回归的验证,后来成为最优参数探索过程中的使用最广泛的方法。表达函数如下所示：

$$CV=\frac{1}{n}\sum_{i=1}^{n}[y_i-\hat{y}_{\neq i}(b)]^2 \tag{3.5-12}$$

式中：$\hat{y}_{\neq i}$ ——求回归点 i 处的回归系数估计不包含回归点本身,因变量的回归值是由临近的观测值进行回归计算的。

以带宽 b 为横坐标、CV 值为纵坐标绘制趋势线,即可直观得到 CV 最低点所对应的 b。

2)广义交叉验证法(GCV)

CV 计算较为复杂,在实际应用中为了简化计算量,1999 年 Loader 提出了 GCV：

$$GCV=\frac{1}{n}\cdot\frac{\sum_{i=1}^{n}[y_i-\hat{y}_{\neq i}(b)]^2}{(1-tr(S(b)/n))^2}=\frac{n\sum_{i=1}^{n}[y_i-\hat{y}_{\neq i}(b)]^2}{(n-tr(S(b))^2} \tag{3.5-13}$$

根据帽子矩阵 $\boldsymbol{S}$ 的构成可以知道,当带宽取值很小的时候,上式中分母的值趋于 0,则无论回归值 $\hat{y}_{\neq i}(b)$ 怎么接近实际值 y_i,GCV 的值都不会取到 0。

3)Akaike 信息量准则法(AIC)

AIC 是在 GWR 中另一种比较经典的带宽筛选方法。设 GWR 模型的似然函数为 $L(\boldsymbol{\theta}_L,x)$,其中 $\boldsymbol{\theta}$ 是 p 维向量,y 为随机样本,AIC 方法的公式为：

$$AIC=-2\ln L(\hat{\boldsymbol{\theta}}_L,x)+2q \tag{3.5-14}$$

这里 $\boldsymbol{\theta}_L$ 为 $\boldsymbol{\theta}$ 的极大似然估计,q 为未知参数的个数。当似然函数值越大时,估计量越好,即对应的 AIC 取值越小,模型是“最优”的。

在 GWR 中,权重函数带宽选择的 AIC 公式为：

$$AIC=2n\ln L(\hat{\sigma})+n\ln(2\pi)+n\left[\frac{n+tr(S)}{n-2-tr(S)}\right] \tag{3.5-15}$$

式中：$tr(S)$ ——关于 b 的函数；

$\hat{\sigma}=RSS/n-tr(S)$,根据 AIC 筛选原则,使得 AIC 值最小的对应带宽就是最优的。

3.5.1.3 基于地统计方法的多源人群数据融合技术

基于地统计方法的多源人群数据融合包括互联网 LBS 人群数据与通信运营商 LBS 人群数据的融合、LBS 人群融合数据与移动应用采集人群数据的融合,具体技术路线见图 3.5-4。

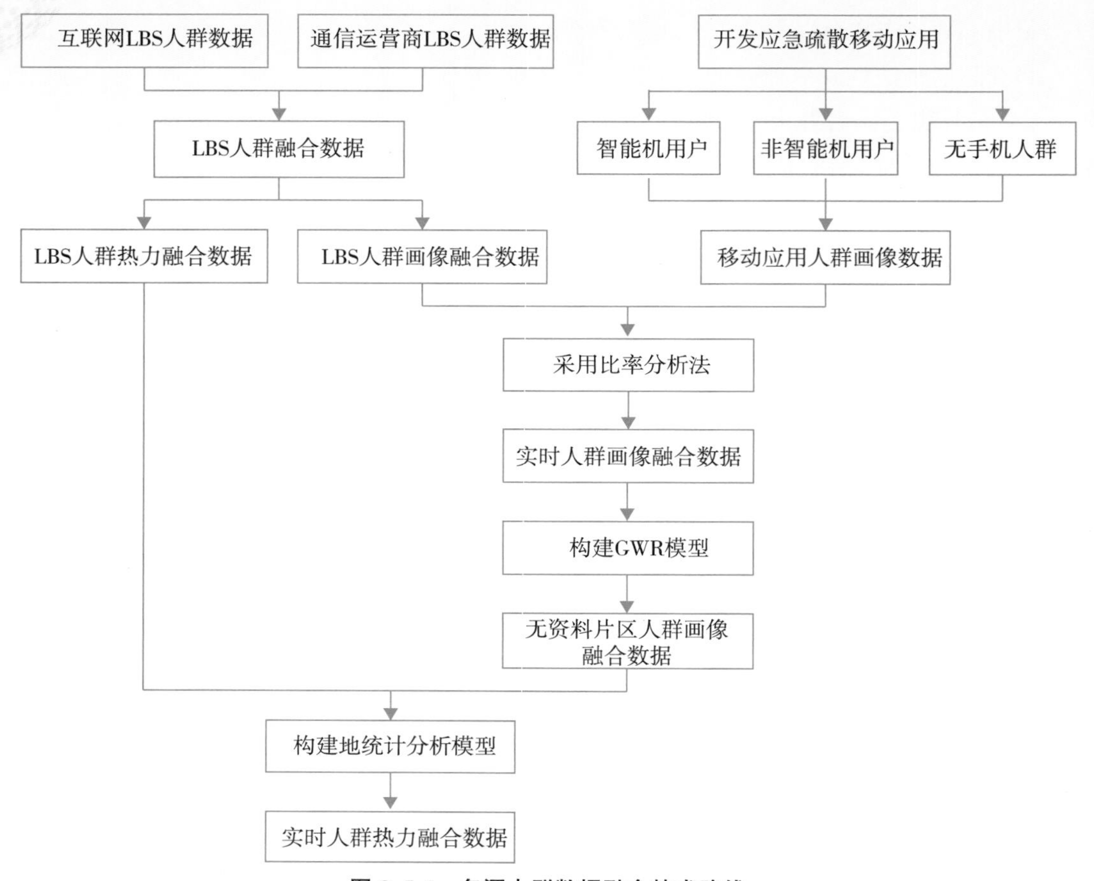

图 3.5-4　多源人群数据融合技术路线

①接入互联网(腾讯、百度等)LBS 实时人群数据与通信运营商(移动、电信、联通)LBS 实时人群数据,并对接入数据进行去重、融合,得到 LBS 实时人群融合数据。LBS 实时人群融合数据包括实时人群热力融合数据与分片区的实时人群画像(年龄画像、性别画像)融合数据。

②开发洪灾应急疏散的移动应用,用户首次登陆移动应用时,需填报个人信息及其家庭成员信息(村级责任人用户还需填写负责范围内的孤寡老人信息),包括姓名、性别、出生日期、身体状况、户籍地址、现住址、手机号、手机是否联网等。移动应用采集数据包括智能机用户人群(微信小程序用户)、非智能机用户人群(有手机号但手机没有联网的家庭成员)、无手机人群(无手机号的家庭成员)的画像数据。值得说明的是,移动应用后台对个人信息与家庭成员信息的填报数据进行去重、核验,并以家庭为单位统计人群画像数据。用户每次使用移动应用时,定位用户位置,并自动更新记录该位置信息。当定位位置偏离填报的现住址较远时,更新现住址为用户定位位置。无手机及移动网络的人群一般为老、幼年,较少有大范围位置流动,其现住址一般保持不变;在特殊情况下,更新为家庭其他成员的现住址信息。移动应用采集的人群数据实时性较差,但可精准捕捉老、幼年人群信息。

③以 LBS 实时人群画像融合数据对应片区为基准，统计移动应用采集的人群画像数据，包括分片区的年龄画像、性别画像与移动设备联网画像。

④以移动应用分片区的年龄画像与移动设备联网画像数据为参照，采用比率分析法对 LBS 分片区的年龄画像数据进行修正，并基于移动应用分片区的性别画像数据进一步对 LBS 性别画像数据作进一步修正，得到分片区的人群画像融合数据；融合 LBS 实时监测与应急疏散移动应用采集的人群画像数据。

⑤基于分片区的人群画像融合数据与 LBS 人群画像数据，构建人群画像的地理加权回归模型，预测无资料片区（应急疏散移动应用在该区无足量用户，或填报信息存在较多明显错误）的人群画像数据。所构建的人群画像地理加权回归模型的数学表达式为：

$$POP_m(i,t)=\beta_0(i,t)+\beta_1(i,t)\times POP_{\mathrm{LBS}}(i,t)+\varepsilon(i,t)$$
$$(i=1,2,\cdots,n;t=1,2,\cdots,T) \tag{3.5-16}$$

式中：POP_m ——应急疏散移动应用采集的人群数量；

POP_{LBS} ——LBS 人群数量；

i ——片区位置；

t ——人群数据的采集时间；

ε ——模型残差。

⑥建立 LBS 的热力数据与分片区实时人群画像数据的地统计关系，并利用该地统计关系将各片区的人群画像融合数据映射至空间格网，得到实时人群热力融合数据。所获取的融合人群数据兼具 LBS 数据与移动应用采集数据的优点，实时性佳、准确度高。

3.5.2 技术应用案例分析

以荆江分洪区麻豪口镇为典型示范区，对多源人群数据融合技术进行应用与分析。人群数据源包括腾讯 LBS 数据、移动 LBS 数据、电信 LBS 数据与移动应用采集数据。各源 LBS 人群数据通过服务接口方式获取，移动应用人群数据通过利用开发的洪灾应急疏散移动应用对用户填报的个人信息与家庭成员信息进行采集获取。示范区采用网格化管理方式，各网格管理员负责推广宣传洪灾应急疏散移动应用，鼓励属地居民使用移动应用并据实登记填报，保证人群数据采集的全面性与精确性。移动应用的个人信息与家庭成员信息填报界面见图 3.5-5。

基于多源人群数据融合技术对 LBS 数据与移动应用采集数据进行融合，得到人群融合数据，包括人群画像融合数据与人群热力融合数据。图 3.5-6 展示了荆江分洪区麻豪口镇 2021 年 5 月某时刻的人群画像（年龄画像、性别画像）融合数据（见右侧统计栏）与人群热力融合数据（见中部地图界面）。可以看出，融合人群数据的老、幼年人数占比较大，符合实际情况，相较单源 LBS 人群数据精度得到明显提升。多源人群数据融合技术可以充分挖掘各源人群数据的优势，生成实时性佳、准确度高、覆盖范围广的人群画像数据与人群热力数据，在洪灾应急避险领域人群识别方面具有应用前景。

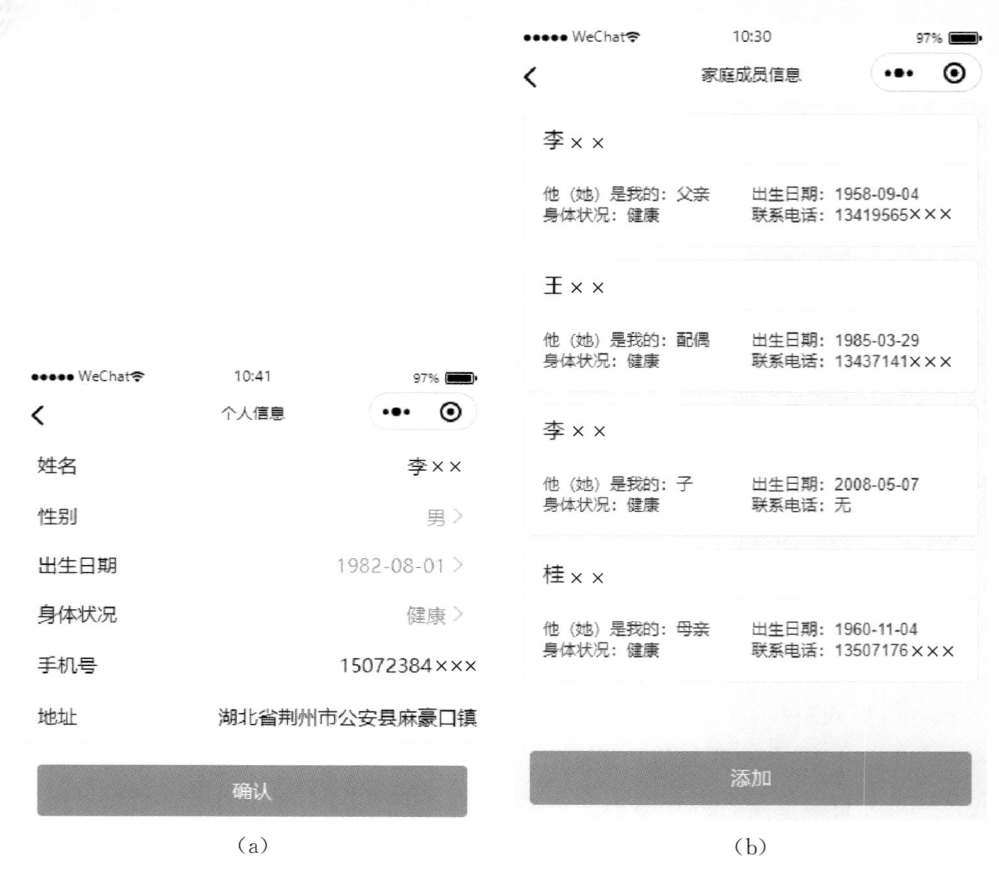

（a）　　　　　　　　　　（b）

图 3.5-5　应急避险移动应用人群信息填报界面

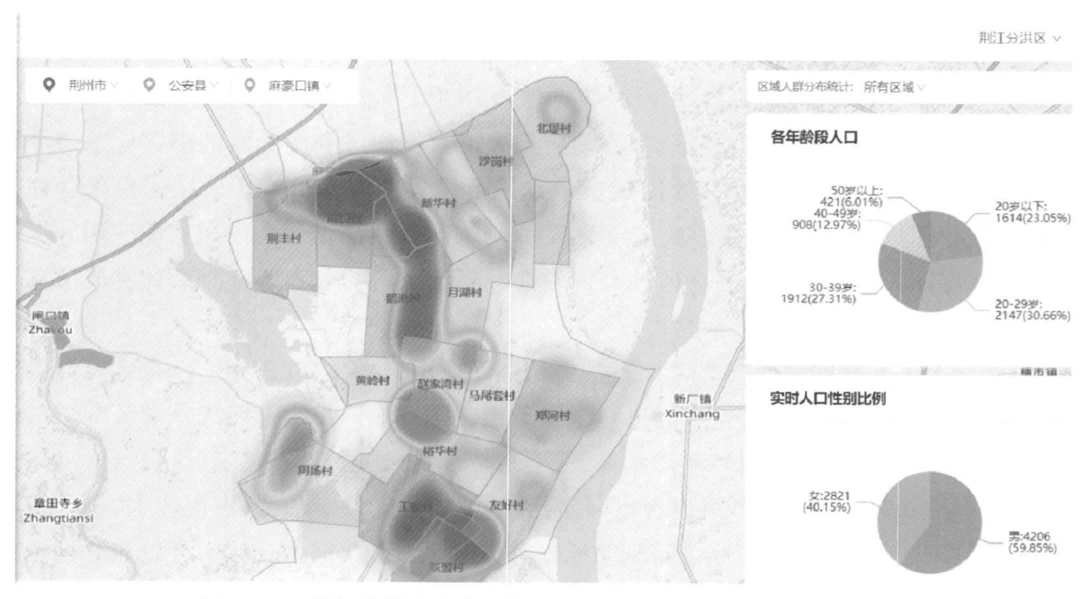

图 3.5-6　荆江分洪区麻豪口镇融合数据的人群画像与人群热力图

3.6 基于虚拟电子围栏的风险人群快速预警技术

充分运用互联网大数据(如LBS、交通信息等)、云计算、电子围栏、实时通信及小区固定式、车载移动式和无人机广播等技术,将应急避险信息以地图或动态信息的形式,分门别类地通过传统手段与信息化平台推送至管理决策与组织实施人员以及受灾人群,做到预警的针对性和及时性,消除预警信息传递中的"中断点"和"拥堵点",把预警信息第一时间通知到村、户、人,实现避险对象的点对点信息传送和风险区内、区外人群的快速预警,实时引导人群转移,第一时间规避风险。

3.6.1 技术原理与实现方法

用户在使用App进程中,App通过调用互联网的地图服务API接口,对用户位置进行实时定位,并将用户ID及其定位的位置坐标信息发送给服务器。服务器利用虚拟电子围栏算法对用户位置坐标与洪水风险区的关系进行判别,当用户位置坐标判断为风险区范围之内时,利用实时通信技术,及时向用户发送洪灾预警消息。

(1)虚拟电子围栏算法

虚拟电子围栏即为无物理实体围栏,即在地理信息系统(GIS)地图上虚拟给出一个区域边界(围栏),对区域内(洪灾风险区)、区域外(安全区)的预警消息内容进行区分,辅助支撑预警消息精准推送(陈思,2020)。

虚拟电子围栏算法的核心在于判断一点是否在多边形内。目前,已有多种成熟的判别方法,其中射线法因实现简单而被广泛应用。在射线法中,将目标点逐个与多边形进行相交计算,包含了大量的重复计算。为提升计算效率,陈思提出了对掩膜与地图切片作布尔运算的全局二值掩膜生成算法,该算法具体步骤为:

①按顺时针将电子围栏ABCDEFGHIJKLMN的每条边与屏幕区域(图3.6-1中的红色矩形)进行相交计算,得到交点O、P、Q、R、S、T、U、V,将这些交点依次插入电子围栏的点集中,得到AOBPQCDRESFTGHIJKLUMNV(若某个点正好落在边缘,则该点不用插入)。

②利用红色显示区裁剪AOBPQCDRESFTGHIJKLUMNV,将位于区域外的点剔除,即生成电子围栏在屏幕内的显示区域AOPQRESTGHIJKLUV。

③采用射线法判断屏幕区域的4个角点是否在电子围栏内,将位于电子围栏内的角W插入步骤①得到的点集中,得到AOPQWRESTGHIJKLUV。

④采用计算机图形学中的扫描线填充算法,生成如图3.6-1所示的阴影区域,作为点在电子围栏内计算的二值掩膜(阴影范围内值为TURE)。

⑤将每张切片与二值掩膜作布尔运算(阴影区域保留),得到最终的返回图像。

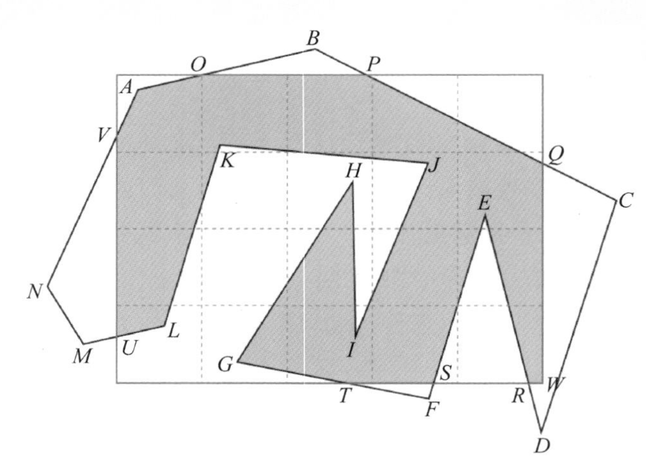

图 3.6-1　全局二值掩膜生成算法

(2)基于地图服务的 GPS 定位

互联网(如腾讯、百度等)地图服务全面建设全球定位服务能力,助力开发者发展自身的全球业务,全面实现海内外服务一体化。利用 WIFI 和基站信息,实现精准定位功能,满足智能硬件定位需求,覆盖安全、医疗、运动、车载设备、智能家居、物联网、飞行器等行业。

洪灾风险区人群预警采用互联网地图服务的普通 IP 定位,其是一套以 Http/Https 形式提供的轻量级定位接口,用户可以通过该服务,根据 IP 获取位置,调用 API 接口,返回请求参数中指定上网 IP 的大致位置信息,包括经纬度、省、市等地址信息。

超标准洪水下的高风险区域人群识别属于精度要求中等的场景,目前无论是 GPS、北斗等卫星导航,结合运营商蜂窝定位,均能满足精度要求。但该场景下人群数量较多,电子围栏范围较大,需在人员识别的算法效率上做提升。在能够利用运营商蜂窝的情况下,将基站与防洪高风险区域划分的网格提前做好匹配,并应用内存缓存技术使其常驻内存。具体计算时,利用规则图形空间计算复杂度低的特性,高风险区采用外包似然近似原则、安全区采用内接似然近似原则,加快实时识别计算的效率。对于单纯利用卫星导航的情况,对高风险区和安全区采用同样规则的矩形或原型似然近似方法,提升识别效率(图 3.6-2,图 3.6-3)。

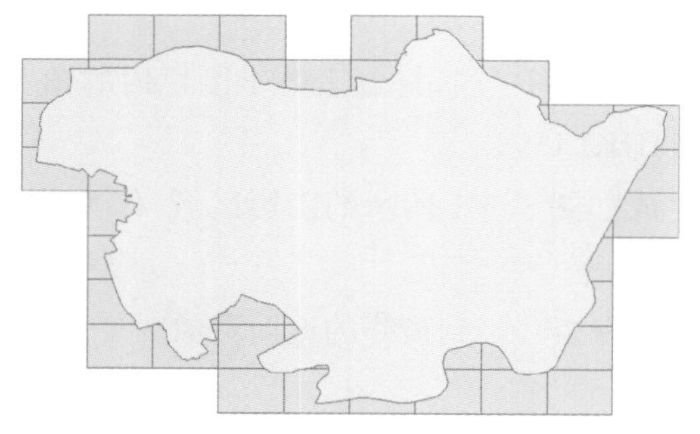

图 3.6-2　高风险区外包似然近似

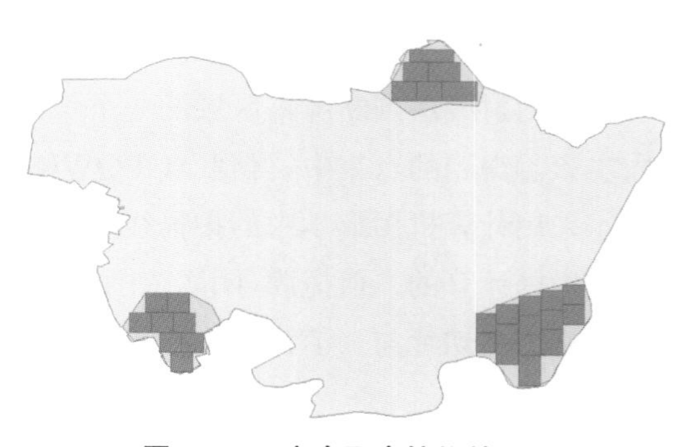

图 3.6-3　安全区内接似然近似

(3)预警消息推送

基于电子围栏技术和实时通信技术,结合极端洪水演进态势图谱,有针对地对已在和即将进入高风险区的人员发出警示提醒,以提高避险效率。若用户位于洪水风险区内,向用户推送洪灾预警消息,提示当前区域存在洪灾风险,应迅速完成避险转移,并提供洪灾避险路线规划信息与责任人信息;若用户位于安全区内,则仅发送预警消息,提示外界存在洪灾风险,应避免外出;当用户向外移动离开安全区时,发出偏离预警,提示已偏离安全区,应尽快返回至安全区。

对目前常见并可行的预警推送方式(短信、微信、其他 App)进行比较(表 3.6-1),比较指标包括覆盖范围、及时性、易读性、数据获取、建设成本、推广成本等。考虑短信、微信、其他 App 的优缺点,在超标准洪水应急避险预警场景下,三种方式同时建设,增大高风险区域人群获取到预警信息的概率。在实际应急避险转移管理过程中,预警消息以手机短信与微信小程序方式推送至各级责任人与高风险区域人群,保证有手机人群均能通知到位。对于普通的无手机用户,本家庭成员进行消息通知;对于孤寡老人,由村级责任人负责通知,保证无手机人群也均能及时获取洪灾避险信息。

表 3.6-1　　短信、微信、App 预警推送方式比较

	短信	微信	App
覆盖范围	高	中	低
及时性	高	中	高
易读性	中	高	高
数据获取	移动运营商	腾讯公司	App 提供者
建设成本	低	低	中
推广成本	中	中	高

3.6.2　技术应用案例分析

将避险过程分为灾前避险转移峰值期、灾前避险转移排查期和灾中应急救援期三个阶段,结合洪水淹没图、交通地图、实时区域人群热力图、应急避险预案等,将防洪应急转移预警实时信息、撤离时间、目标位置、最优避险转移路径或安置方案、实时交通路况等信息以地图和动态信息的形式,分门别类地通过短信、微信、其他 App 或者系统内部消息等方式,推送和发布至受风险影响的人群、避险转移组织管理者及防洪管理决策人员的手机等移动终端上,实时引导洪水淹没影响区域人员进行转移;同时,利用无人机技术,在受洪水淹没影响区域范围内进行巡航广播,提醒和引导人群进行疏散;此外,还向救援方提供实时受灾人群属性信息和道路等运输条件信息,以便救援方调集相应人力和物力进行现场救援。

(1)灾前避险转移峰值期

充分结合传统避险技术、空间分析和实时通信技术,有针对地将洪水前锋到达时间、洪水淹没范围和避险预警与撤离安排信息，通过持续鸣锣、高音喇叭广播、手机短信、微信、家庭电视等方式，推送至风险人群，对洪水风险区内人群进行避险预警，提示其按照拟定预案有序撤离至指定区域；利用无人机预警技术，对风险区内人群进行巡航广播和预警；利用电子围栏技术，对进入洪水可能淹没范围内的人群发出预警通知，提示其远离危险区；基于GIS技术，将“知己”（受灾对象、救灾力量、救灾手段、监测手段等）、“知彼”（洪水监测及预报预警信息、洪水演变规律及发展趋势、受灾范围与发展趋势、洪灾实时动态评估结果等）、“知天”（暴雨天气现状及趋势预测）和“知地”（下垫面变化、安置区容量、道路交通状况、水利工程运行及损毁情况等）信息进行时空动态叠加，形成“态势图”“部署图”“指挥沙盘”等，并进行反复分析、判断和推演，最后将推演结果通过手机短信、微信、其他App、系统内置消息等方式，推送至避险决策、组织实施与安置管理人群，提示避险决策人群选取适宜避险方案，提示组织人群有效组织责任区内风险人群在规定时间内按照拟定路线安全转移至指定安置区内，提示安置管理人群做好安置服务管理工作，提示交通部门做好转移道路管制工作（图3.6-4）。

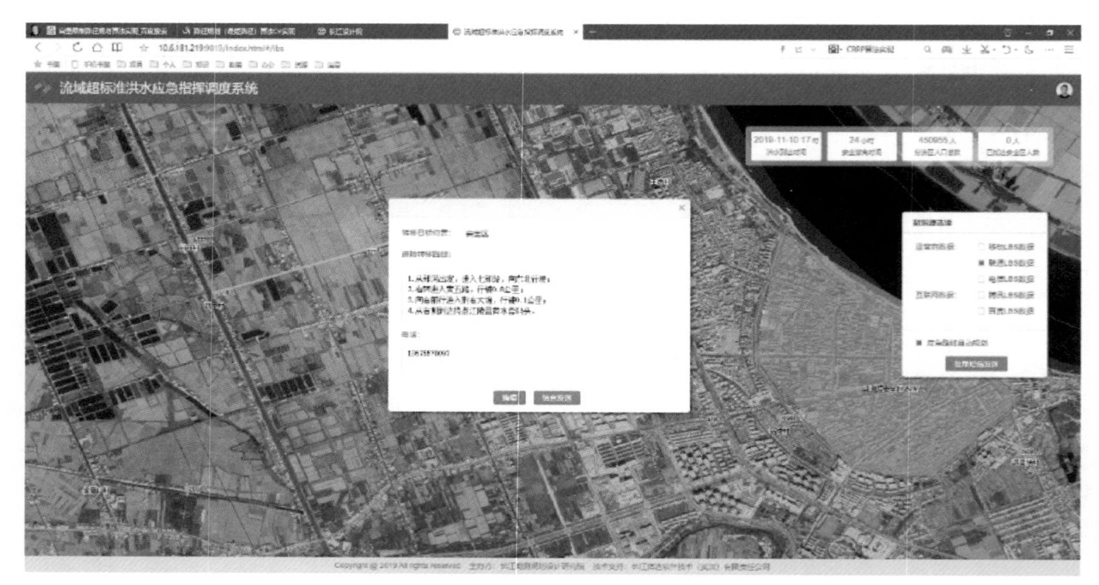

图3.6-4　防洪转移路径信息短信推送界面

（2）灾前避险转移排查期

绝大多数风险人群已安全转移至安置区内，此时利用互联网位置大数据与通信运营商定位大数据技术对仍处于风险区内的人群加大监测力度，进行逐一排查，排查结果结合无人机搜索技术和传统避险技术进行复核。采用广播、短信、微信、无人机预警等手段，提示风险人群按照最优撤离方案实施紧急避险。

（3）灾中应急救援期

通过位置大数据和无人机等技术，识别洪灾被困人群，通过无人机广播等方式告知其自救和援救方案，并将被困人群实时属性信息推送至搜救人员，以便救援方调集、进行组织现场救援。

第4章 洪水风险区人口避险转移路径实时动态优化技术

基于人工智能、优化算法和GIS空间分析技术手段，在传统避险方案的基础上，以容量限制路径规划模型为基础，提出了基于实时人群属性的应急避险转移方案实时优化模型，动态辨识道路拥堵与受淹情况及安置区位置与容量，实现了避险转移时间、路线、安置点等信息的快速实时传递及转移路径和安置方案的实时优化，提高了转移安置的实时性、时效性和有效性。

4.1 技术原理与实现方法

4.1.1 技术原理

基于人工智能、优化算法和GIS空间分析技术手段，结合洪水淹没范围、交通地图、实时区域热力图等，在传统避险方案的基础上，以容量限制路径规划（Capacity Constrained Routing Planning，CCRP）模型为基础，综合考虑道路等级与安全性（即安置场所可达性）、转移路线耗时、供需平衡、道路拥堵等约束因素及转移流向信息动态变化，提出基于实时人群属性的应急避险转移方案实时优化模型，动态辨识道路拥堵与受淹情况及安置区（或安全区、安全台）位置与容量，实现对转移路径和安置方案的实时优化，确保"快速转移、妥善安置"，提高应急转移效率。

安置容量的动态辨识方面，采用电子围栏技术与实时定位技术相结合的方式，通过缓冲区分析等空间分析手段，实现安置区范围内的人群数量动态识别。具体计算时，利用规则图形空间计算复杂度低的特性，高风险区采用外包似然近似原则、安全区采用内接似然近似原则，加快实时识别计算的效率。

避险转移路径的优化调整方面，构建的基于实时人群属性的应急避险转移方案实时优化模型，综合考虑了避洪转移人群、转移道路的安全性与区域性、转移路线最大耗时、风险人群就近安置、道路等级、道路拥挤度、安置场所容量、安置场所可达性等约束因素及转移交通工具、目的地、路径等流向信息动态变化。将所有风险区、安全区、转移道路分别作为安置容量资源分配的出发点“源”、归属地“汇”以及链接二者的“网络线”，容量资源沿着网络流向待安置人员；同时将安置场所容量、可达性、道路容量及可通行性作为重要的实时更新权重条件，并在人群转移过程中实时更新人群分布状态，以在实际疏散过程中进一步降低路径规划与实际疏散过程中的偏差，从而降低总体转移耗时。利用启发式方法代替全局最优求解，提高 CCRP 或其他常规人群疏散算法的计算速度，实现实时转移路径优化。

4.1.1.1 目标函数

基于 CCRP 的洪灾避险转移优化模型的目标函数为所有风险区人群疏散总耗时最短：

$$f=\min T=\min\sum_{i=1}^{M}\sum_{j=1}^{N}t(l_{i,j})\times k$$

式中：T——疏散总耗时(min)；

$l_{i,j}$——第 i 个风险区的第 j 条疏散路线；

$t(l_{i,j})$——对应疏散路线的耗时(min)；

k——第 i 个风险区通过疏散路线 j 避险的人群数量；

M——风险区的个数；

N——风险区的疏散路线条数。

4.1.1.2 约束条件

(1)风险区完全疏散约束

洪灾疏散转移旨在保障风险区人群的生命财产安全，在人群疏散时应满足风险区完全疏散约束，即风险区内所有人群均疏散至安全区。一个风险区的人群可能经不同的转移路线到达一个或多个安置场所，且每个风险区的待安置人口单元可能与多个安置场所的容量单元对应。模型求解时每个风险区的转移需求均应得到满足，即任一风险区的待转移单元均有安置场所的某一容量单元与其对应：

$$\mathrm{need}_{i,s}=\mathrm{capacity}_{a,m}$$

式中：$\mathrm{need}_{i,s}$——第 i 个风险区的第 s 个转移单元；

$\mathrm{capacity}_{a,m}$——第 a 个安置场所的第 m 个容量单元。

由于风险区待转移人口单元与安置场所容量单元一定是均等于事先选定的划分单元的，故只要满足任一待转移单元有且仅有一个安置场所与之对应即可。

(2)安置场所容量约束

安置场所(安全区)面积及生活物资配备有限，不能无限制接纳风险区疏散人群，转移人群安置时应满足安全区容量约束，即

$$h_a\leqslant H_a^{\max}$$

式中：h_a——第 a 个安全区的安置人数；

$H_a^{\max}$——第 a 个安全区的最大安置容量。

(3)道路等级约束

道路分为不同等级;转移路线规划时满足道路等级约束,即考虑路面宽度与设计车速限制。道路宽敞的国道、省道等设置为高等级,县道、乡间小路设置为低等级,路径规划时优先选择等级高的道路。基于《城市道路交通规划设计规范》《城市道路设计规范》,并结合分洪区实际道路状况,为分洪区内所有可使用的转移道路根据其道路属性赋予等级属性和设计车速。

(4)道路拥挤度约束

在转移过程中,各转移道路的拥挤度将发生变化,并影响转移速度;采用路权函数表示法计算转移道路的权值变化,路段$[o,p]$上的路权$t(o,p)$为:

$$t(o,p)=t_t(o,p)+t_d(o,p)$$

式中:$t_t(o,p)$——路段$[o,p]$的行驶时间(min);

$t_d(o,p)$——由交叉口o转入交叉口p的平均延误时间(min)。

路段行驶时间$t_t(o,p)$通过美国联邦公路局提出的路段特性函数BPR模型计算求得:

$$t_t(o,p)=[1+\alpha(Q_0/Q)^\beta]t_0(o,p)$$

式中:$t_0(o,p)$——路段$[o,p]$零流量时的自由行驶时间;

Q_0——路段$[o,p]$的机动车交通量(辆/h);

Q——路段的实际通行能力;

α、β——阻滞系数。

路段平均延误时间采用如下公式计算:

$$t_d(o,p)=D(o,p)/v_d$$

式中:$D(o,p)$——交叉口o与p之间的距离;

v_d——车辆行驶速度。

当两路段垂直即遇到左拐或右拐情形,$t_d(o,p)$则通过引入与交通量成比例的延迟时间表示。取定适宜的路权刷新计算时间后,重新计算每段道路的路权值,根据道路网络中的人流分布重新规划洪灾避险转移路线。

(5)风险人群就近安置约束

有些风险区落于安置场所附近,在安置容量充足的情况下优先安置临近风险区人群。此种分配方案可节约使用大型转移交通工具,只需一次将安置场所腹地人口直接转移至分洪区外。

(6)安置场所可达性约束

模型求解的转移路线终点必须是避险安全区的可行域,因此计算时需进行安置点可达性分析,即约定模型计算结果中风险区的每条避险疏散路线必须能够到达安置场所:

$$l_{i,j} \in \Phi$$

式中：Φ——第 i 个风险区所有转移人员可行的洪灾避险转移方案集合。

4.1.2 模型计算流程

安置容量动态辨识与避险转移路径实时优化方法的总体技术流程见图 4.1-1。

①获取节点及路网等初始信息，其中风险人群为起点，安置区为终点，该过程将在传统避险方案的基础上，划分避洪转移单元，确定避险转移主体和转移道路可行域，并为道路容量和安置场所容量赋值，构建道路拓扑关系及数据集。

②以避险转移总耗时最小为目标函数，以转移道路安全性与区域性、转移道路等级、转移路线最大耗时、就近邻近安置、安置点容量为约束条件，基于容量限制路径规划（CCRP）模型或其他优化模型算法，进行循环迭代计算，实时更新人群分布信息、道路拥堵和可达性信息、安置点剩余容量等信息；在风险人群全部到达安置区后结束计算，得到最优解。

③基于 GIS 技术将避险转移过程和优化结果进行实时展现，形成避洪转移态势图谱。

技术设计与实现的核心主要包括数据准备与更新、实时路径规划算法编程求解两个主要方面。

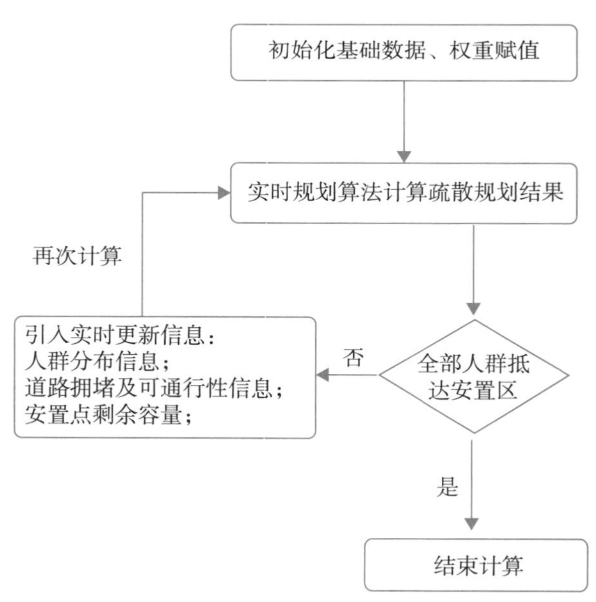

图 4.1-1　模型流程图

4.1.3 数据准备与更新

避险转移路径实时动态优化技术的实现需要以风险区、安全区（转移安置场所）、道路路网等基础数据，以及人群实时分布、道路拥挤度情况等实时数据作为必要输入，相关数据准备与更新工作如下：

①基于二维水动力模型模拟的洪水演进过程，确定各风险区与安全区范围。

②开发 LBS 人群数据接口，接入 LBS 的实时人群热力数据与画像数据，并基于空间分析方法统计各风险区、各安全区的人群分布情况。

③计算各个安全区的剩余容量：根据生活物资配备情况确定安全区的人均面积，安全区面积与人均面积之比即为安全区总容量；安全区总容量扣除当前时刻的人群数量即为安全区剩余容量。

④采集路网基础数据（包括道路位置分布、道路等级等），构建所有风险区、安全区、可转移道路的拓扑关系，形成道路数据集；并基于初始化路网数据，以村庄为起点、各安置区为终点，计算所有可能的转移路线。

⑤通过 API 接口接入互联网的道路拥挤度数据，并将开始转移时刻的拥挤度数据设置为拥挤度初始条件。

⑥综合考虑道路等级、道路拥挤度、道路可容纳程度、道路可通过性等为道路添加权重；遍历所有转移安置路线，构建带权重的道路有向图模型（图 4.1-2）。

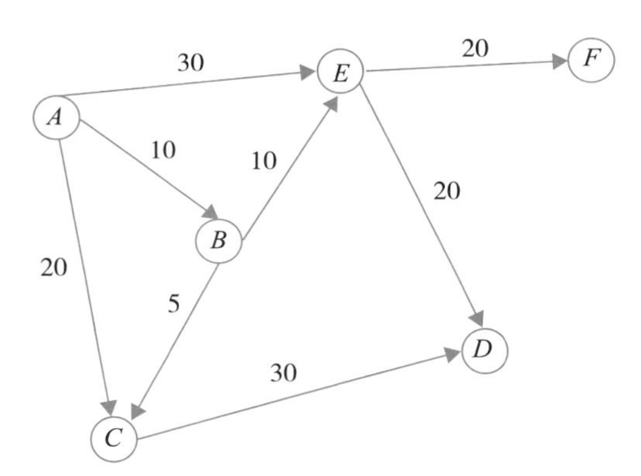

图 4.1-2　道路有向图模型构建示意图

权重计算原则包括：根据路两点之间的距离以及人转移的速度计算转移时间，将转移时间与人剩余的转移时间比较，如果在剩余时间内，则权重取某一固定小值，否则取某一固定大值；根据路的拥堵情况获取每种拥堵情况对应的权重值；查询每段路能容纳的剩余人数，若剩余人数大于 1，则剩余人数减 1，权重取某一固定小值，否则权重取某一固定大值。

⑦根据路线规划权重总值依次遍历各村庄至各安全区已规划道路，根据权重最低原则完成初次道路规划。

⑧根据计算性能预设时间区间范围，重复进行人群数量获取、路线权重计算、有向图构建、道路规划等步骤，实现实时规划；同时，对安置区范围内人口进行获取分析及可用容量计算，动态排除可用容量过低的安置区。

对各类相关数据完成了数据结构设计，部分主要数据结构设计见表 4.1-1 至表 4.1-10。

表 4.1-1 sys_area 区划信息表

字段	类型	允许空	默认	注释
id	varchar(64)	NO		主键;编号
parent_id	varchar(64)	YES	NULL	父级编号
parent_ids	varchar(2000)	YES	NULL	所有父级编号
name	varchar(100)	YES	NULL	名称
sort	decimal(10,0)	YES	NULL	排序
code	varchar(100)	YES	NULL	区域编码
type	char(1)	YES	NULL	区域类型
create_by	varchar(64)	YES	NULL	创建者
create_date	datetime	YES	NULL	创建时间
update_by	varchar(64)	YES	NULL	更新者
update_date	datetime	YES	NULL	更新时间
remarks	varchar(255)	YES	NULL	备注信息
del_flag	char(1)	YES	0	删除标记
eslg	double(9,6)	YES	NULL	
nrlt	double(9,6)	YES	NULL	
geojson	longtext	NO		空间坐标信息

表 4.1-2 map_village 村庄信息表

字段	类型	允许空	默认	注释
village_id	varchar(64)	NO		主键;村 ID
village_name	varchar(64)	YES	NULL	村名
lgtd	decimal(21,18)	YES	NULL	经度
lttd	decimal(21,18)	YES	NULL	纬度
town_id	varchar(32)	YES	0	所属镇 ID
transfer_pop	int(1)	YES	0	待转移人口
transfer_tm	varchar(32)	YES	NULL	转移时间(h)
transfer_v	float	YES	0	转移速率
safe_area_id	varchar(64)	YES	NULL	所属安全区 ID
coordinate	varchar(200)	YES	NULL	经过中心点
creatime	datetime	YES	NULL	创建时间
updatime	datetime	YES	NULL	修改时间
datasrc	char(1)	YES	0	数据来源
linepara_id	varchar(64)	YES	NULL	关联的路线数据 ID
tels	text	YES		所有联系电话
plan_lines	text	YES		预案路线,多条则以逗号隔开

续表

字段	类型	允许空	默认	注释
contact	varchar(200)	YES	NULL	该地区负责人等信息
plan_line_desc	varchar(500)	YES	NULL	路线描述
scheme	varchar(64)	YES	NULL	所属方案

表 4.1-3　　map_tencent_area 腾讯区域信息表

字段	类型	允许空	默认	注释
id	int(1)	NO		主键
creatime	datetime	YES	NULL	创建时间
updatime	datetime	YES	NULL	修改时间
name	varchar(32)	YES	NULL	区域名称
area_id	varchar(32)	YES	NULL	区域 ID
info	text	YES		详情

表 4.1-4　　map_tencent_data 腾讯区域详情

字段	类型	允许空	默认	注释
id	int(1)	NO		主键;数据 ID
options	text	YES		区域的权重值
creatime	datetime	YES	NULL	创建时间
updatime	datetime	YES	NULL	修改时间
tm	datetime	YES	NULL	采集时间
value	int(1)	YES	NULL	区域某时刻总人口
area_id	varchar(32)	YES	NULL	区域 ID
user profile	text	YES		用户画像

表 4.1-5　　diversion_road 避险道路路网基本信息

字段	类型	允许空	默认	注释
road_id	varchar(64)	NO		主键;ID
rname	varchar(64)	YES	NULL	名称
rlen	float	YES	NULL	长度(km)
rstructure	varchar(64)	YES	NULL	路面结构
rtype	varchar(32)	YES	NULL	类别
rstart	varchar(200)	YES	NULL	起点坐标
rend	varchar(200)	YES	NULL	终点坐标
creatime	datetime	YES	NULL	创建时间
updatime	datetime	YES	NULL	修改时间
scheme	varchar(64)	YES	NULL	所属方案

表 4.1-6　　map_env_data 地图环境变量

字段	类型	允许空	默认	注释
id	varchar(32)	NO		主键
creatime	datetime	YES	NULL	创建时间
updatime	datetime	YES	NULL	修改时间
set_date	datetime	NO		经计算的预置时间
total	float	YES	NULL	总转移人口

表 4.1-7　　map_line_para 预案转移路线参数表

字段	类型	允许空	默认	注释
fid	varchar(64)	NO		主键
lxcode	varchar(64)	YES	NULL	路线编码
startcode	varchar(64)	YES	NULL	起点编码
startname	varchar(64)	YES	NULL	起点名称
startloc	varchar(128)	YES	NULL	起点坐标串
endloc	varchar(128)	YES	NULL	终点坐标串
endcode	varchar(64)	YES	NULL	终点编码
endname	varchar(64)	YES	NULL	终点名称
len	decimal(8,3)	YES	NULL	距离
waypoints	text	YES		中节点坐标串分号隔开多个经纬度
creatime	timestamp	YES		创建时间
updatime	timestamp	YES		修改时间
fromcnt	int(1)	YES	NULL	起点人数
tocnt	int(1)	YES	NULL	终点人数
scheme	varchar(64)	YES	NULL	方案
polyline	text	YES		路线

表 4.1-8　　map_point_data 地图节点数据信息

字段	类型	允许空	默认	注释
id	varchar(64)	NO		主键
data_type	char(1)	YES	NULL	0—移动,1—联通,2—电信,3—腾讯,4—百度
datas	mediumtext	YES		地图坐标点数据
creatime	datetime	YES	NULL	创建时间
updatime	datetime	YES	NULL	修改时间

表 4.1-9　　map_safe_area 安全区、安全台信息表

字段	类型	允许空	默认	注释
area_id	varchar(64)	NO		主键;安全区 ID
area_name	varchar(64)	YES	NULL	安全区名称
lgtd	decimal(20,17)	YES	NULL	经度
lttd	decimal(20,17)	YES	NULL	纬度
capacity_pop	int(1)	YES	NULL	容纳人数
loc_bnd	varchar(500)	YES	NULL	安全区边界坐标
coordinate	varchar(200)	YES	NULL	安全区中心点坐标
creatime	datetime	YES	NULL	创建时间
updatime	datetime	YES	NULL	修改时间
datasrc	char(1)	YES	0	数据来源
scheme	varchar(64)	YES	NULL	所属方案区域,如荆江分洪区
is_show	char(1)	YES	1	是否显示,0—不显示,1—显示
area	float	YES	0	面积
specs	varchar(64)	YES	NULL	容积
settle_village	int(1)	YES	0	安置村个数
households	int(1)	YES	0	户数
exist_pop	int(1)	YES	0	已有人口
plan_settle_pop	int(1)	YES	0	拟安置人口

表 4.1-10　　map_safe_fator 安全系数表

字段	类型	允许空	默认	注释
fator_id	int(1)	NO		主键;系数 ID
through_loc	varchar(500)	YES	NULL	路点坐标
fator_v	float	YES	NULL	通过系数
creatime	datetime	YES	NULL	创建时间
updatime	datetime	YES	NULL	修改时间
datasrc	char(1)	YES	NULL	数据来源

4.1.4　实时路径规划算法编程求解

借助于计算机强大的数据处理能力与计算分析能力,对避险转移路径实时动态优化技术所涉及的各个环节进行编程,实现各类输入数据的实时接入与处理,并驱动路径优化模型智能分析计算,动态规划人群避险转移路线。实现的部分代码见图 4.1-3 至图 4.1-6。

```java
//初始化路网
public static RoadNetGraph initRoadNetGraph(){
    RoadNetGraph graph = new RoadNetGraph();
    //测试使用
//      FileReader fileReader = new FileReader("data/road-file.txt");
    FileReader fileReader = new FileReader( filePath: "data/mhkRoad.json");
    String result = fileReader.readString();
    JSONObject road = JSONObject.parseObject(result);
    JSONArray array =road.getJSONArray( key: "items");
    //存储终点key
    List<String> keys = Lists.newArrayList();
    if(array!=null && array.size()>0){
        //取得段路的起始点，及根据我经纬度求路长作为权重值
        //结构，[{"start":"30.11212,112.12472","end":"30.5142,111.98122"},...]
        //array 按照start点进行分组，即可知每一段路的起点
        Map map = array.stream().collect(Collectors.groupingBy(p->((JSONObject) p).getString( key: "start")));
        map.forEach((k,v)->{
            Node node = new Node(k.toString());
            graph.getNodeList().add(node);
            //遍历v，创建edge
            List<Map<String,Object>> list = (List<Map<String,Object>>)v;
            list.stream().forEach(e->{
                Edge edge = new Edge();
                edge.setStartNodeID(e.get("start").toString());
                edge.setEndNodeID(e.get("end").toString());
                //将起始点距离设置为权重值
                edge.setWeight(callenByLoc(e));
                node.getEdgeList().add(edge);
            });
            //所有非终点的key
            keys.add(k.toString());
        });
```

图 4.1-3　初始化路网

```java
/**
 * 根据导入的道路数据生成路网
 * 路网的村起点坐标需要跟数据库的村的经纬度值相等
 * @param exceptNodes 设置不经过某段路的路网
 * @return
 */
public RoadNetGraph initRoadNetGraphByDB(List<String> exceptNodes,String scheme){
    RoadNetGraph graph = new RoadNetGraph();
    //获取入库的路网信息
    DiversionRoadDto dto = new DiversionRoadDto();
    dto.setScheme(scheme);
    List<DiversionRoad> roads = diversionRoadService.list(dto);
    //存储终点key
    List<String> keys = Lists.newArrayList();
    if(roads!=null && roads.size()>0){
        //取得段路的起始点，及根据经纬度求路长作为权重值
        //结构，[{"rstart":"30.11212,112.12472","rend":"30.5142,111.98122"},...]
        //按照start点进行分组，即可知每一段路的起点
        Map map = roads.stream().collect(Collectors.groupingBy(DiversionRoad::getRstart));
        map.forEach((k,v)->{
            Node node = new Node(k.toString());
            graph.getNodeList().add(node);
            //遍历v，创建edge
            List<DiversionRoad> list = (List<DiversionRoad>)v;
            list.stream().forEach(e->{
                Edge edge = new Edge();
                edge.setStartNodeID(e.getRstart());
                //如果设置了该路段不能走，则需要重新选择另外的点。
                if(exceptNodes!=null && exceptNodes.size()>0){
                    for(String exceptNode:exceptNodes){
                        if(!Objects.equals(e.getRend(),exceptNode)){
```

图 4.1-4　根据库表数据构建路网

```
/// </summary>
public void CatelateMinWeightRoad(RoadNetGraph RoadNetGraph)
{
    //取从第一个点出发，最小权值且未被访问果的节点的点
    Node CNode = GetFromNodeMinWeightNode(RoadNetGraph);
    //这段代码是核心 循环每个顶点，看看经过该顶点是否会让权值变小，如果会则存起此路径。直到再未访问过的点
    while (CNode != null)
    {
        Path CurrentPath = dicPath.get(CNode.getId());
        for (Edge edge : CNode.getEdgeList())
        {
            Path TargetPath = dicPath.get(edge.getEndNodeID());
            int tempWeight = CurrentPath.getWeight() + edge.getWeight();
            if (tempWeight < TargetPath.getWeight())
            {
                TargetPath.setWeight(tempWeight);
                TargetPath.getPathNodeList().clear();
                for (int i = 0; i < CurrentPath.getPathNodeList().size(); i++)
                {
                    TargetPath.getPathNodeList().add(CurrentPath.getPathNodeList().get(i).toString());
                }
                TargetPath.getPathNodeList().add(CNode.getId());
            }
        }
        //标志为已处理
        dicPath.get(CNode.getId()).setIsProcessed(true);
        //再次获取权值最小的点
        CNode = GetFromNodeMinWeightNode(RoadNetGraph);
    }
}

public static void main(String[] args) {
```

图 4.1-5 计算道路权重

```
}

//获取距离最近的安全区位置,作为最优路径计算的终点
public static String getMinDistanceAreaLoc(String startNode){
    //开始点
    Double startLttd = Double.parseDouble(startNode.split( regex: ",")[0]);
    Double startLgtd = Double.parseDouble(startNode.split( regex: ",")[1]);
    JSONObject obj = new JSONObject();
    List<Map<String,Object>> list = Lists.newArrayList();
    Constants.JJIANG_SAFE_AREA.stream().forEach(p->{
        //结束点
        Double endLttd = Double.parseDouble(p.split( regex: ",")[0]);
        Double endLgtd = Double.parseDouble(p.split( regex: ",")[1]);
        //计算两点间距离
        Double distance = GPSUtil.getDistance(startLttd,startLgtd,endLttd,endLgtd);
        obj.put(p,distance);
        list.add(obj);
    });
    //取第一个为最小值
    Double minDistance = ((Double) list.get(0).get(Constants.JJIANG_SAFE_AREA.get(0)));
    //获取距离最小时所到的安全区位置
    String minLoc = "";
    for(Map<String,Object> map:list){
        Set<Map.Entry<String, Object>> entries = map.entrySet();
        for(Map.Entry<String,Object> entry:entries){
            String key = entry.getKey();
            Double value = ((Double) entry.getValue());
            if(minDistance>value){
                minDistance = value;
                minLoc = key;
            }
        }
CaculateHelper  ›  getMinDistanceAreaLoc()
```

图 4.1-6 最优路径计算

4.2 技术应用案例分析

根据现有模型,能够实现对无预案蓄滞洪区进行快速规划,以及对避险撤离过程进行实时监控并动态规划,辅助进行应急避险决策(图 4.2-1)。

图 4.2-1　模型路线规划示意图

第5章 基于实时动态反馈驱动的应急避险决策支持技术

在深入理解应急避险技术现状的基础上，针对当前存在的问题和不足，对上述核心技术进行集成并与应急指挥相结合，在统一标准和安全防护体系下，基于松耦合、易扩展的设计思路，采用微服务架构，分层建设防洪应急避险决策支持平台，将实时变化的“水”“人”“地”信息彼此关联与互相反馈，根据相互间的动态关系实时调整应急避险方案，对转移进展及效果进行反馈与评估，实现防洪应急避险全过程、多要素的信息实时动态获取与调度管理。

5.1 应急避险决策支持平台设计方案

应急避险决策支持平台以深化防洪应急避险体系为目标，紧密围绕防洪应急避险的关键环节(如防洪避险责任制、应急预案制定、监测预报预警、避险抢险、宣传培训和演练)进行建设。平台集成水动力学模型快速构建与洪水风险动态评估技术、高风险区域人群精准识别及快速预警技术、基于实时人群属性的人员避险转移安置方案动态优化技术，开发人群分布分析、预案管理、预警管理、转移监控、个人中心、路线规划等功能模块，突破现有基于户籍的人员转移方式和技术瓶颈，做到避险转移精确到人，大幅提高避险人群识别、预警、引导、跟踪及反馈的精准性与时效性。

5.1.1 总体框架

平台总体框架由前端感知层、传输层、数据中心层、支撑平台层、业务应用层、门户层等部分构成(图5.1-1)。

(1)前端感知层

采集分洪区水位监测、流量监测、视频监控数据，接入LBS实时人群数据与水情测报系统的流量、水位预报数据，构建防洪应急避险辅助平台的采集体系，为防洪应急避险管理提供信息采集支撑。基于模型层相应的转移模型、电子围栏监控模型提供功能服务接口，结合运营商提供实时通信传输接口，为展示层及上层应用提供功能调用能力。

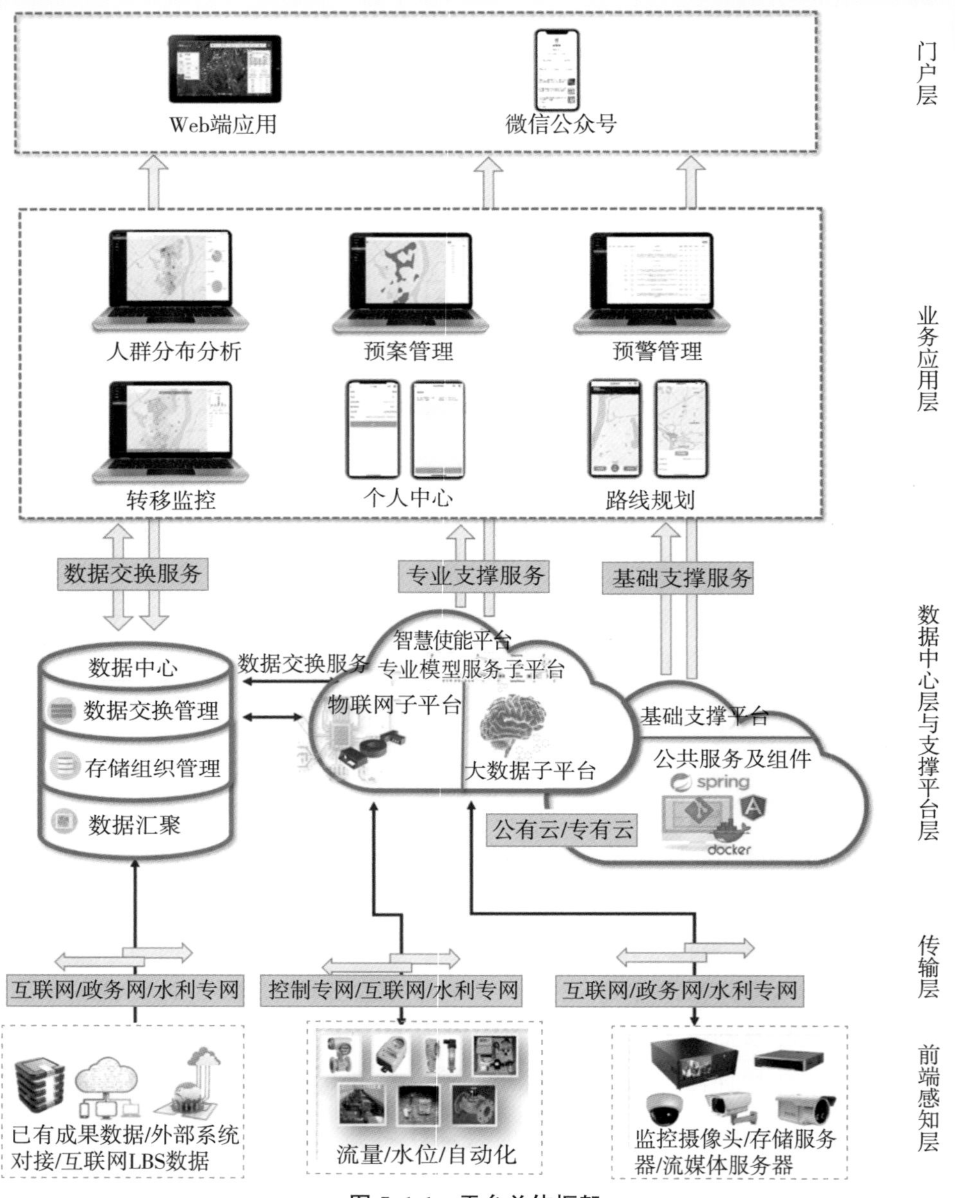

图 5.1-1　平台总体框架

(2)数据中心层

在充分利用地方政府政务数据资源的基础上，补充构建专题数据资源的统一建设，主要包括防洪应急避险的监测数据、业务数据与分析数据。数据中心预留相关接口，便于实现与地方系统的数据共享和交换。主要对应急预案数据进行数字化转换及组织储存，同时整合矢量路网、人口等数据，以及实现外部运营商 LBS 数据的实时接入，为后续的模型分析奠定数据基础。为提高数据吞吐效能，数据层主要基于非关系型数据库进行构建。

(3)支撑平台层

建设统一的满足各应用模块建设需求的支撑平台,包括基础支撑平台和使能平台。搭建的基础支撑平台包括:通用流程平台、智能报表平台、地理信息平台、短信平台和文件存储系统、统一身份认证、综合检索服务等;使能平台包括水动力学模型平台、基于 LBS 的人群识别及快速预警平台、人员避险转移安置方案动态优化平台、物联网平台等。支撑平台层主要实现实时网络流的洪灾避险转移模型及电子围栏监控模型,洪灾避险转移模型加入初始状态人群热力数据,并在人群转移过程中实时更新人群分布状态,从而在实际疏散过程中进一步降低路径规划与实际疏散过程中的偏差,以达到应急避险疏散要求。电子围栏监控模型主要基于安置区构建多边形电子围栏,结合人群实时位置,提供人群进离安全区判别算法模型。

(4)业务应用层

业务应用层是通过各类终端(Web 端系统、微信小程序等)直接面向用户(防洪应急避险管理部门、分洪区人民群众等),为用户各类业务管理提供辅助支撑的软件,是提升管理能力的主要体现,同时业务应用也是数据汇集的主要渠道,通过业务应用的运行使用,使各类数据(如微信小程序用户人群数据、责任人信息数据等)能够汇集存储至数据库中。本平台考虑防洪应急避险的业务管理需要,设计统一的应用模块,包括人群分布分析、预案管理、预警管理、转移监控、个人中心、路线规划等,后期可以按需进行补充扩展。基于前后端分离架构体系和地理信息平台,提供实时避险转移信息表达呈现,呈现内容包括风险人群识别、转移路径实时规划等,展示手段包括矢量信息展示、热力图等。

(5)门户层

针对洪灾应急避险转移各级责任人的管理需求、分洪区人民群众面对洪灾时的生命、财产的保障需求,分别形成个性化的应用门户。本平台的门户涉及 Web 端与微信小程序。

5.1.2 技术流程

通过搭建基于 LBS 人群属性动态反馈驱动的防洪应急避险辅助平台,引入并深度挖掘互联网 LBS 实时人群属性数据、手机通信定位大数据、水情数据、空间地形数据在防洪应急避险转移领域中的应用价值;调用洪灾避险路线规划模型或互联网地图导航服务引擎,实时动态规划避险转移路线;利用虚拟电子围栏技术与实时通信技术,及时将洪灾预警与路线规划信息推送至责任人及风险区人群。具体技术流程见图 5.1-2。

①开发预案管理模块(Web 端与微信小程序均有),录入预案中转移路线的起点信息、途经点信息、终点信息,并在地图中同步展示。

②开发 LBS 数据接口,在应急状态下接入互联网,获取 LBS 实时人群属性监测数据;开发人群分布分析模块(Web 端),分析高风险区人群分布规律。

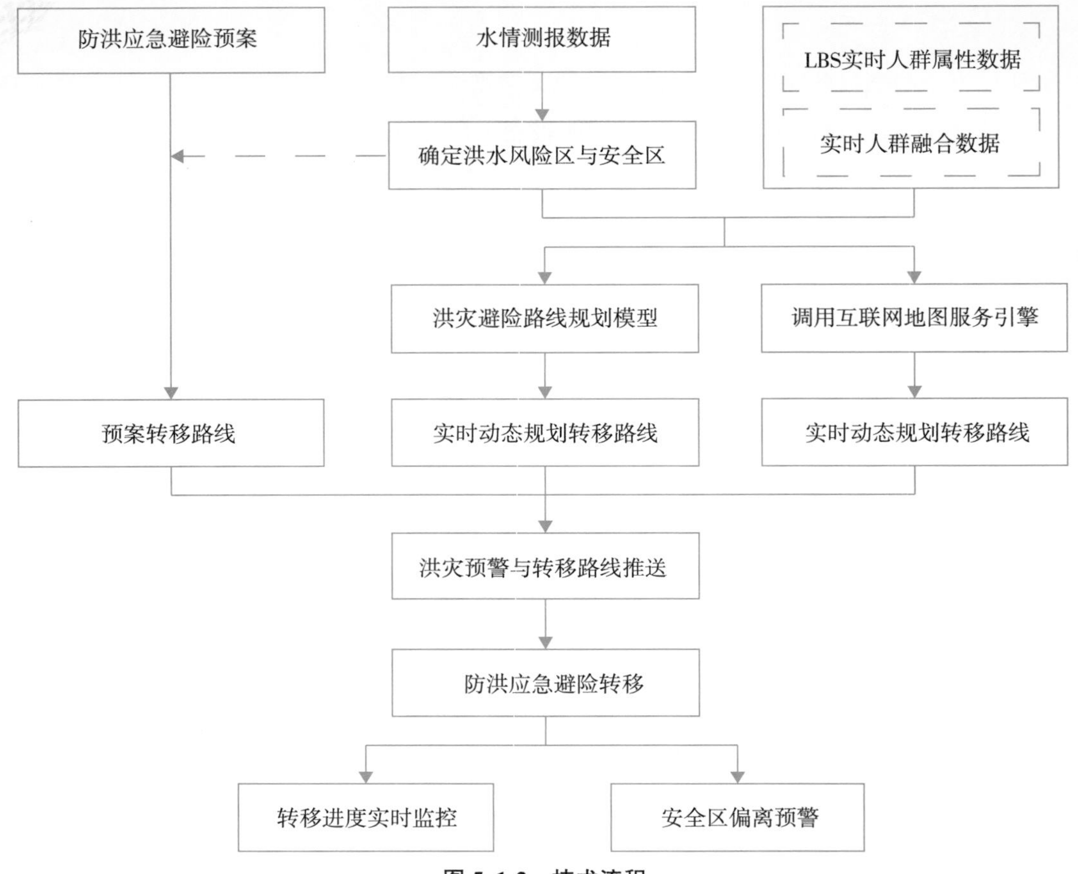

图 5.1-2　技术流程

③开发水情测报数据交互接口，接入水情测报系统的水情预报数据或人工输入水情预报数据，结合空间地形数据，确定洪水风险区与安全区的范围。

④开发路线规划模块（微信小程序），在 LBS 实时人群属性数据或融合的实时人群数据驱动下，调用洪灾避险路线规划模型或互联网地图导航服务引擎，以洪水风险区为起点、安全区为终点，实时动态规划洪灾避险的转移路线。

⑤开发预警管理（Web 端与微信小程序均有，可管理责任人信息）与个人中心模块（微信小程序，其用户主要为分洪区人民群众），嵌入预警机制，利用虚拟电子围栏技术与实时通信技术，将洪灾预警消息、转移路线及时推送至相关责任人及风险区人民群众。

⑥开发实时监控模块（Web 端），基于 LBS 实时人群属性数据对洪灾应急避险转移的进度进行实时监控。

5.2 应急避险转移系统设计与开发

5.2.1 系统功能概述

基于 LBS 的应急避险转移系统已授权软件著作权，主要辅助完成无预案区域生成预案、预案展示、人群转移引导、路线实时规划与转移监控等内容(图 5.2-1、图 5.2-2)。

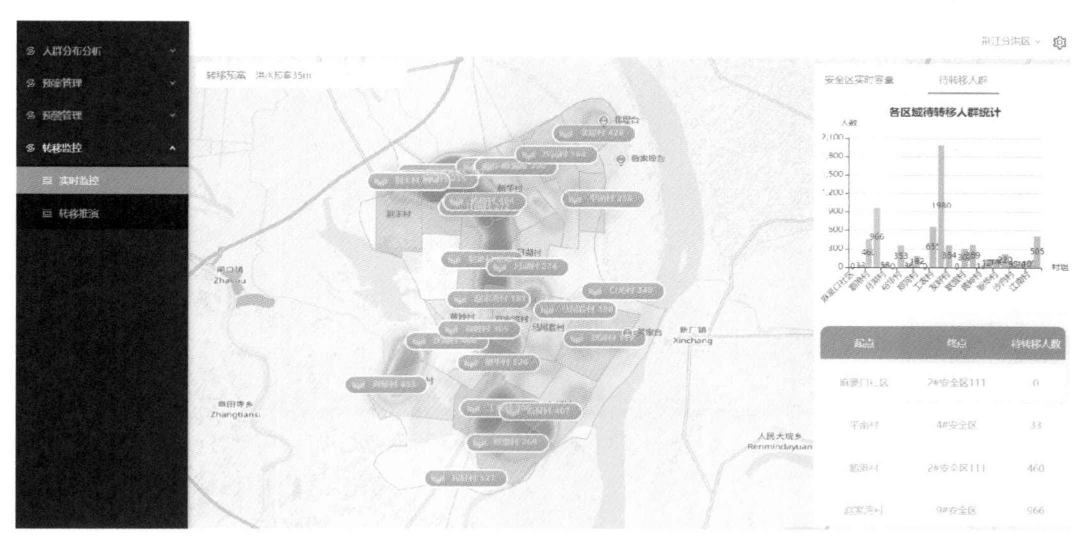

图 5.2-1 基于实时动态反馈驱动的应急避险决策支持平台全局疏散界面

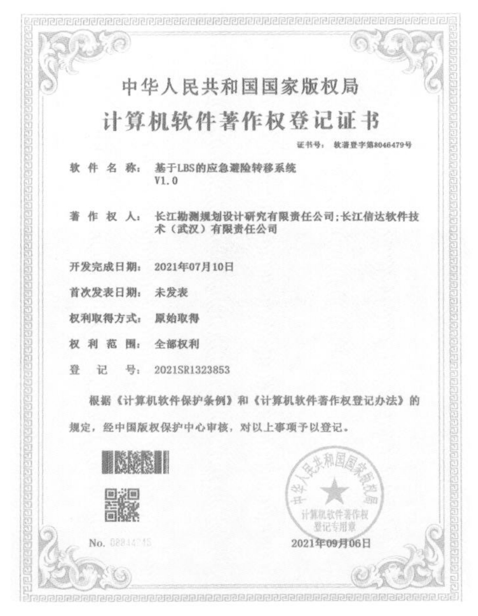

中华人民共和国国家版权局

计算机软件著作权登记证书

证书号：软著登字第8046479号

软件名称：基于LBS的应急避险转移系统 V1.0

著作权人：长江勘测规划设计研究有限责任公司;长江信达软件技术（武汉）有限责任公司

开发完成日期：2021年07月10日

首次发表日期：未发表

权利取得方式：原始取得

权利范围：全部权利

登记号：2021SR1323853

根据《计算机软件保护条例》和《计算机软件著作权登记办法》的规定，经中国版权保护中心审核，对以上事项予以登记。

中华人民共和国国家版权局 计算机软件著作权登记专用章

No. [illegible]

2021年09月06日

图 5.2-2 基于 LBS 的应急避险转移系统

5.2.2 人群分布分析

可视化展示人群热力分布，并对人群分布特征进行自动分析，包括实时人群分布与历史人群分布两个子功能。实时人群分布展示当前时刻的人群热力分布图与人群分布统计，历史人群分布则展示历史某一时段的人群热力分布图与人口趋势变化统计（图 5.2-3）。

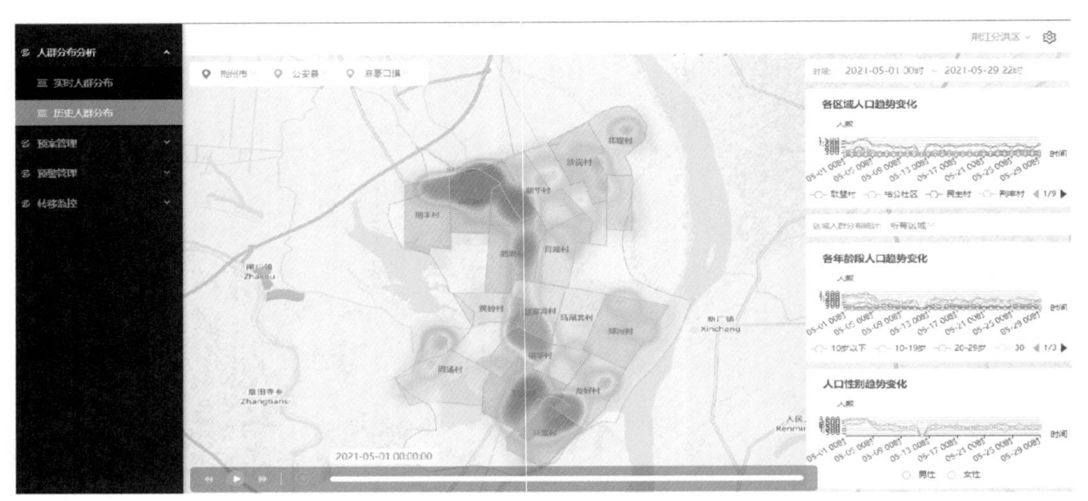

图 5.2-3 人群分布分析界面

5.2.3 预案管理

对应急预案进行统一管理，有预案区可快速查看预案信息，无预案区支持智能生成预案，包括预案查看、安全区生成、预案基本信息管理、预案生成子功能。预案查看显示所有预案的列表，实现预案概览与预案路线查询；可基于水动力学模型的洪水淹没模拟结果生成洪水安全区，以用于预案生成；预案基本信息管理对起点信息、途经点信息、终点信息及模拟生成的洪水安全区信息进行统一管理；预案生成支持无预案区域根据地形数据或水动力学模型的洪水模拟结果智能生成应急避险预案（图 5.2-4 至图 5.2-6）。

图 5.2-4 钱粮湖预案生成示意图

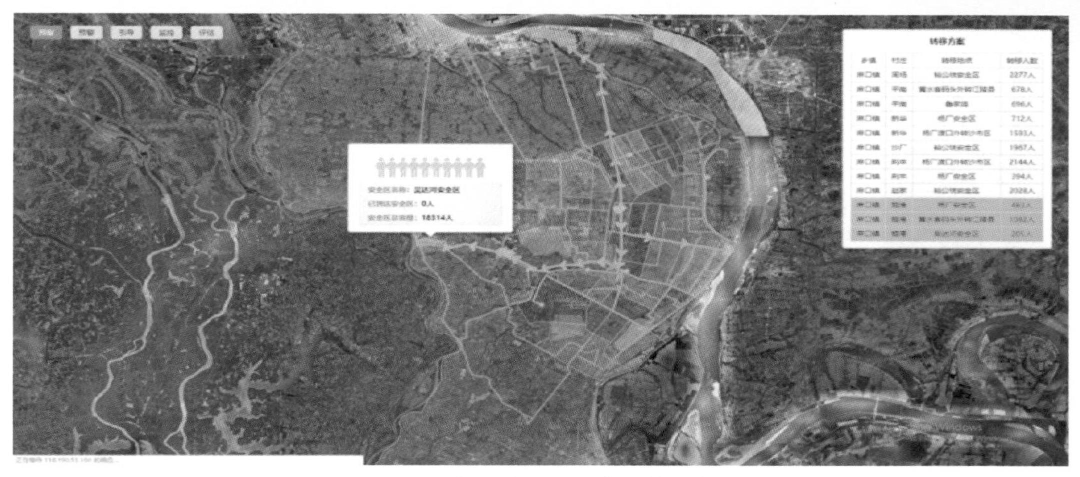

图 5.2-5　荆江分洪区预案生成示意图

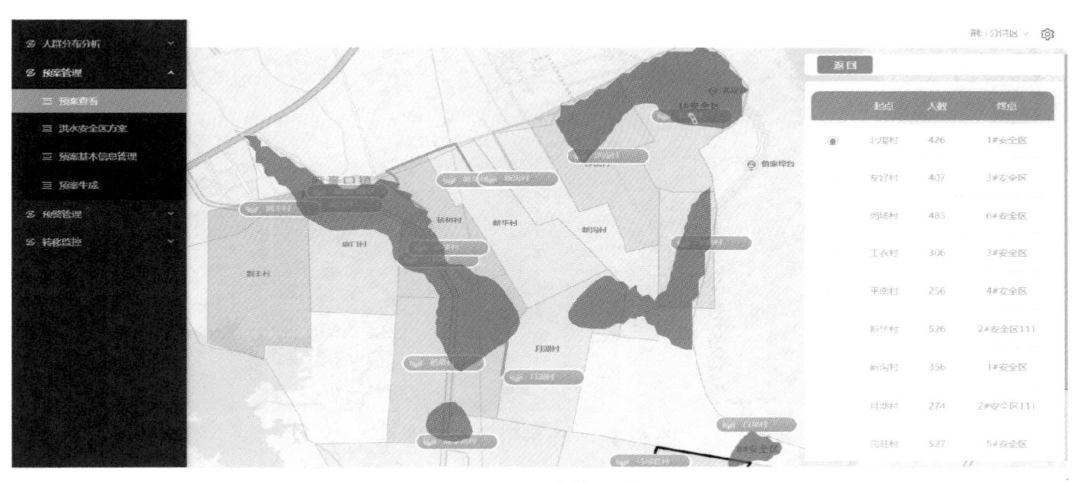

图 5.2-6　预案管理界面

5.2.4　预警管理

实现分洪区的区县级、乡镇级、村级责任人管理、洪水预警信息的管理及向微信小程序用户发送信息推送，分为责任人信息管理和预警消息管理子功能。责任人信息管理对各级责任人的信息，包括姓名、责任级别、职务、联系方式等信息进行管理，支撑预警消息推送及责任范围内人群应急联系；预警消息管理可定制化填写预警信息内容，如分洪区名称、控制站水位、控制站水位趋势、预警级别、预计淹没时间、预计淹没范围等，并将预警消息定向发送至责任人与风险区人群，以备及时做好应急响应工作(图 5.2-7)。

提供预案行动负责人相关信息导入功能；在启动预警及转移后，向转移安置负责人电话发送预警短信及组织开展撤离短信(图 5.2-8、图 5.2-9)。

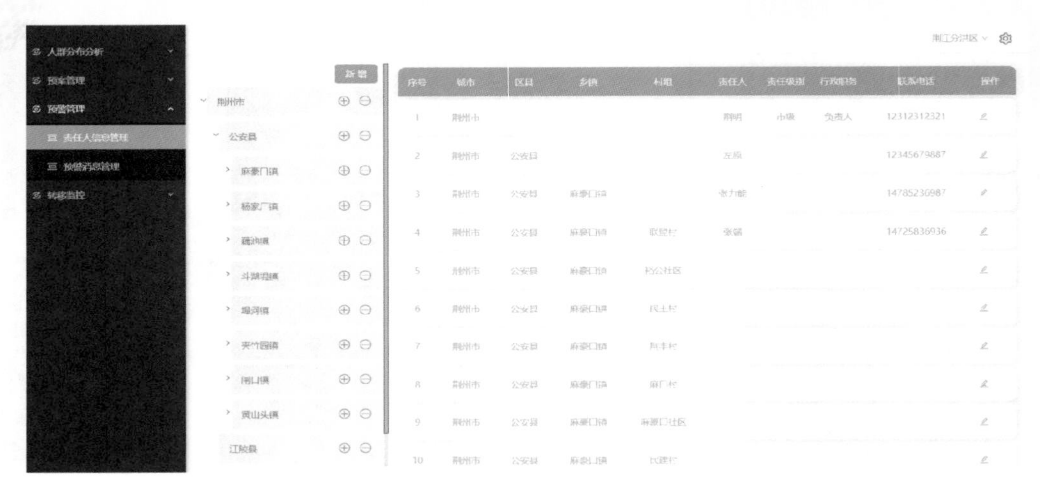

图 5.2-7　预警管理界面

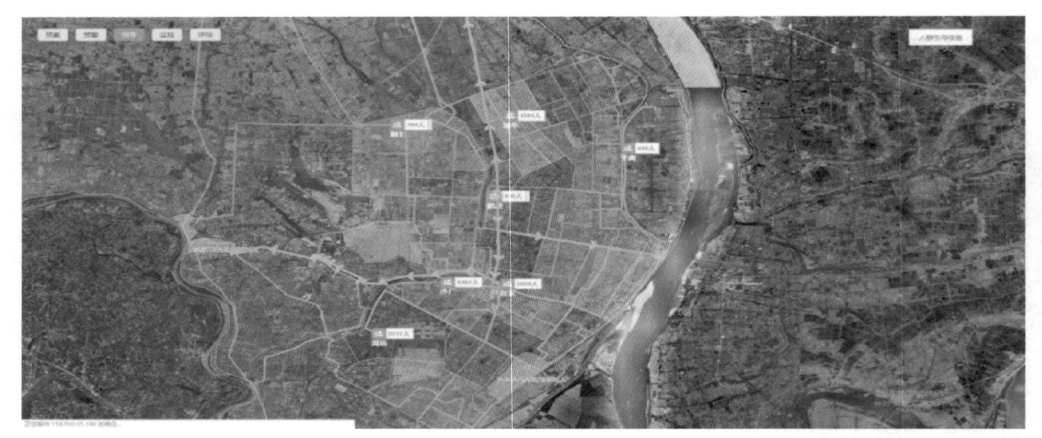

图 5.2-8　路线引导示意图

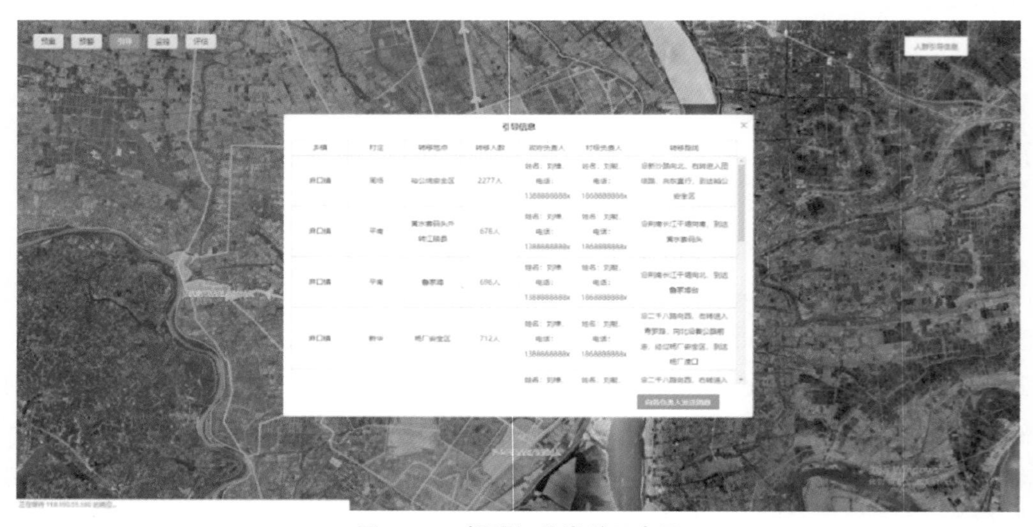

图 5.2-9　提醒短信发送示意图

5.2.5 路线实时规划与转移监控

撤离转移启动后，基于腾讯人群相关接口，实时轮询刷新人群数据，结合空间分析计算各村庄、安全区范围人群数量及画像信息；基于实时避险路线规划模型，进行路线动态规划功能，为相关决策提供依据（图 5.2-10 至图 5.2-14）。

图 5.2-10　路线实时规划绘制示意图

图 5.2-11　转移监控及人群画像示意图

图 5. 2-12　转移监控及人群热力图绘制示意图

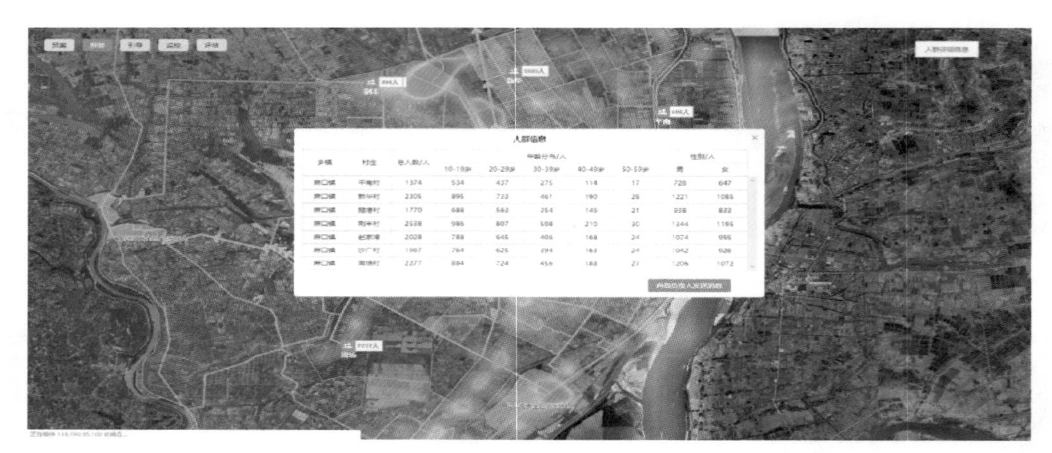

图 5. 2-13　实时引导短信示意图

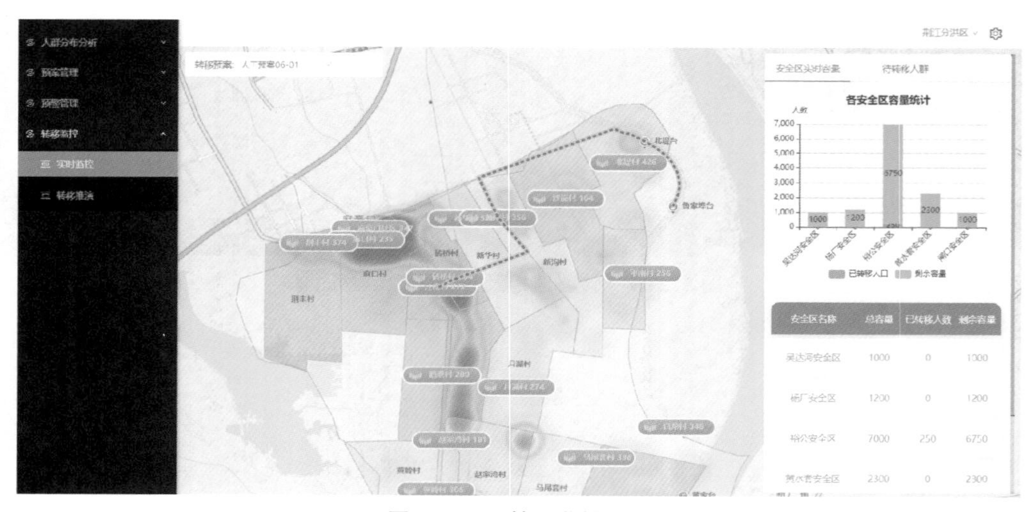

图 5. 2-14　转移监控界面

5.2.6 人群转移进展反馈

转移安置完成后，对比所有安全区人员信息和转移前人员信息，评估人员安全转移所需时间、转移安置状况，并提供编辑界面收集存储所有负责人反馈的安全转移报告（图 5.2-15、图 5.2-16）。

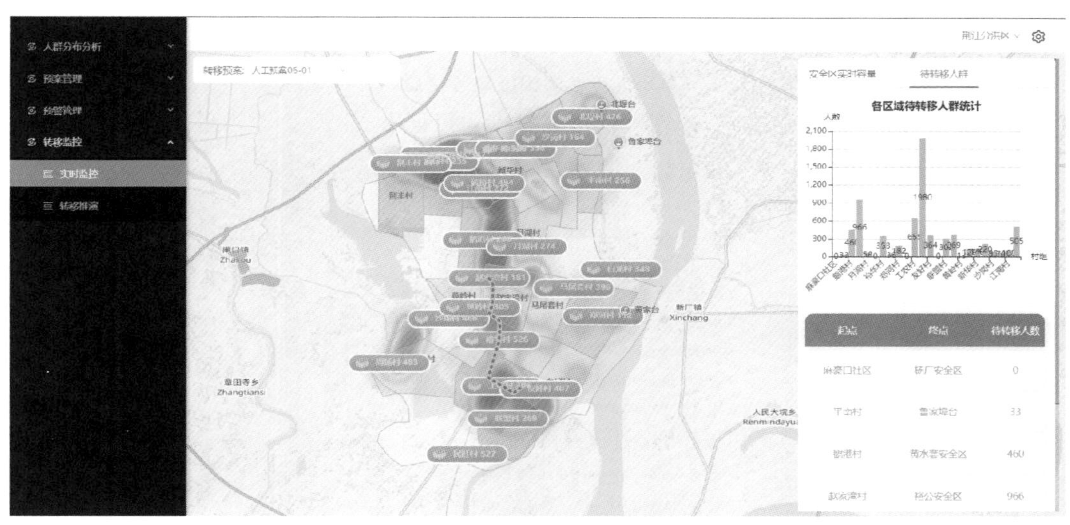

图 5.2-15　安全区实时容量查看

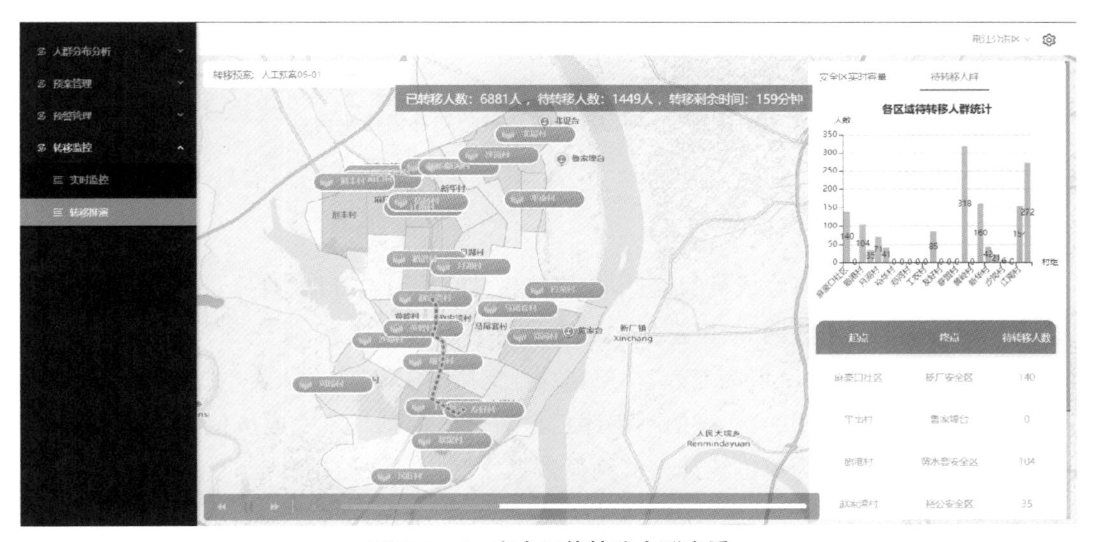

图 5.2-16　安全区待转移人群查看

5.3 应急避险转移微信小程序设计与开发

应急避险转移微信小程序主要包括个人中心、预案信息、预警消息、路线规划等功能模块，目前已授权软件著作权（图 5.3-1）。

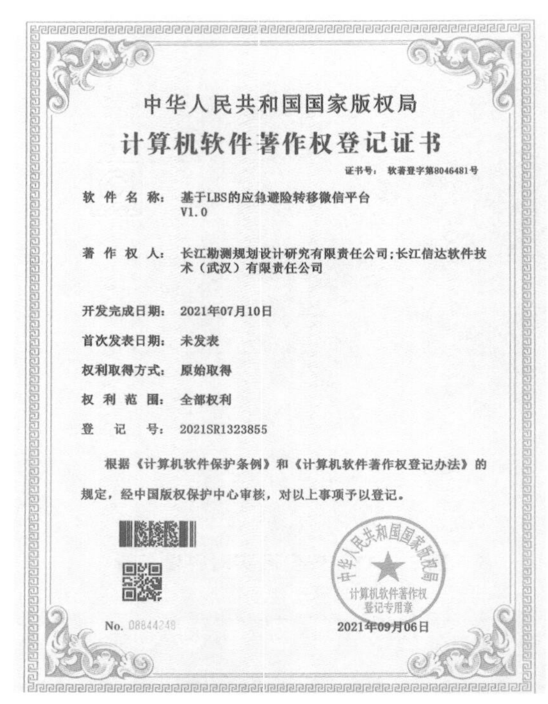
中华人民共和国国家版权局

计算机软件著作权登记证书

证书号：软著登字第8046481号

软 件 名 称：基于LBS的应急避险转移微信平台 V1.0

著 作 权 人：长江勘测规划设计研究有限责任公司；长江信达软件技术（武汉）有限责任公司

开发完成日期：2021年07月10日

首次发表日期：未发表

权利取得方式：原始取得

权 利 范 围：全部权利

登 记 号：2021SR1323855

根据《计算机软件保护条例》和《计算机软件著作权登记办法》的规定，经中国版权保护中心审核，对以上事项予以登记。

中华人民共和国国家版权局 计算机软件著作权登记专用章

No. 08844248

2021年09月06日

图 5.3-1 基于 LBS 的应急避险转移微信平台

5.3.1 个人中心

填写用户本人及其家庭成员的信息，包括姓名、性别、出生日期、身体状况、户籍地址、现住址、手机号、手机是否联网等，以汇集区域内的待转移人员信息、发送预警消息；同时统计 LBS 难以监测到的人群（一般为老人、小孩）数据，支持与 LBS 实时人群数据融合，便于制定人群转移方案。值得说明的是，微信小程序后台对个人信息与家庭成员信息的填报数据进行去重、核验，并以家庭为单位统计人群画像数据。用户每次使用移动应用时，定位用户位置，并自动更新记录该位置信息。当定位位置偏离填报的现住址较远时，更新现住址为用户定位位置。无手机及移动网络的人群一般为老、幼年，较少有大范围位置流动，其现住址一般保持不变；特殊情况下，更新为家庭其他成员的现住址信息。微信小程序采集的人群数据实时性较差，但可精准捕捉老、幼年人群信息（图 5.3-2）。

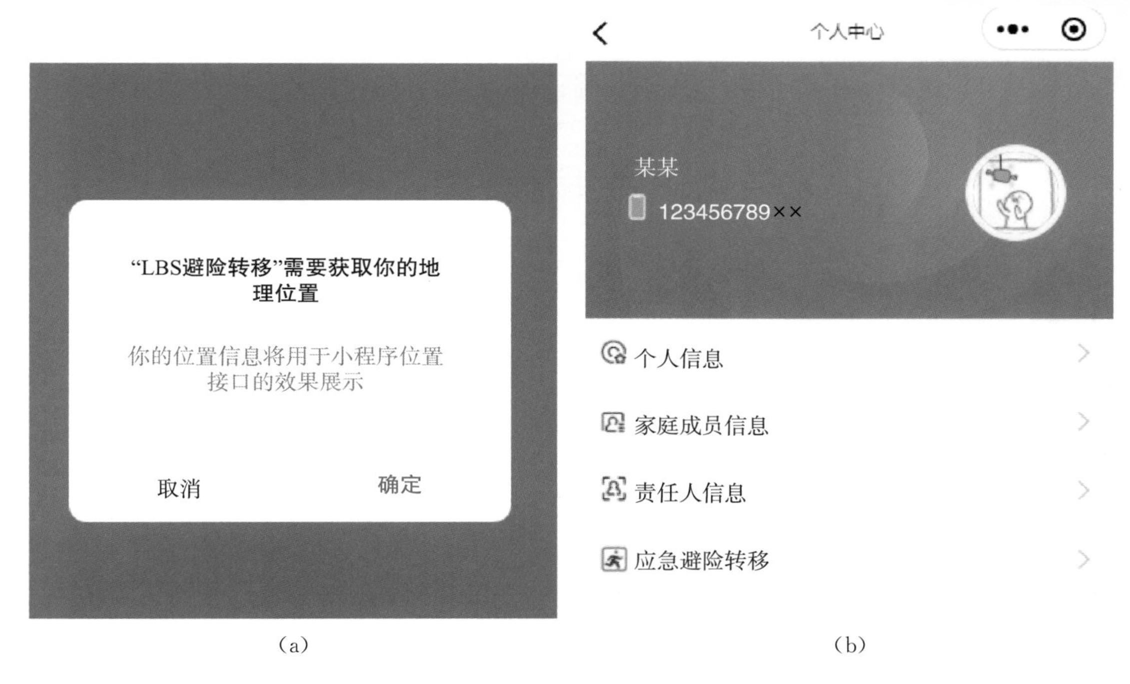

(a) (b)

图 5.3-2 位置权限请求与个人中心主界面

5.3.2 预案信息

为微信小程序用户提供预案信息查看功能。界面地图显示分洪区、村落、安全区、安全台、中转点范围;用户查询预案时,选择某一路线,则地图同步显示该条路线的具体线路及起点、终点信息(图 5.3-3)。

5.3.3 预警消息

小程序后台监测记录用户当前的地理位置,当用户所在区域将要发生洪水淹没或抵达安全区后由于各种原因再次偏离安全区时,发出预警消息。预警消息包括预警(一般)与偏离预警。预警主要提示用户所在区域面临洪水风险,需考虑避险转移;偏离预警则主要基于电子围栏技术,提示用户已偏离安全区,需立即返回至安全区域。点击某一条预警消息,小程序将跳转至预案信息页面,用户可浏览预案转移路线,进行避险准备(图 5.3-4)。

5.3.4 路线规划

对应急避险的转移路线进行实时、动态规划。对于某一特定村庄,其避险转移的目的地(安全区)可能有多个,转移路线相应地也有多个。用户可通过"选择路线"选项选择其中的一条路线进行规划。同时,小程序支持集中转移和自行转移两种路线规划方式。用户可通过"转移方式"选项进行自主选择,当选择"集中转移"方式时,路线导航至统一调度安排的起点(如周场村的起始聚集点),此后由乡镇责任人统一安排车辆转移至指定安全区;当选择“自行转移”方式时,路线由当前位置导航至所选安全区,用户根据导航自行转移撤离(图 5.3-5)。

(a)　　　　(b)

图 5.3-3　应急预案列表查询

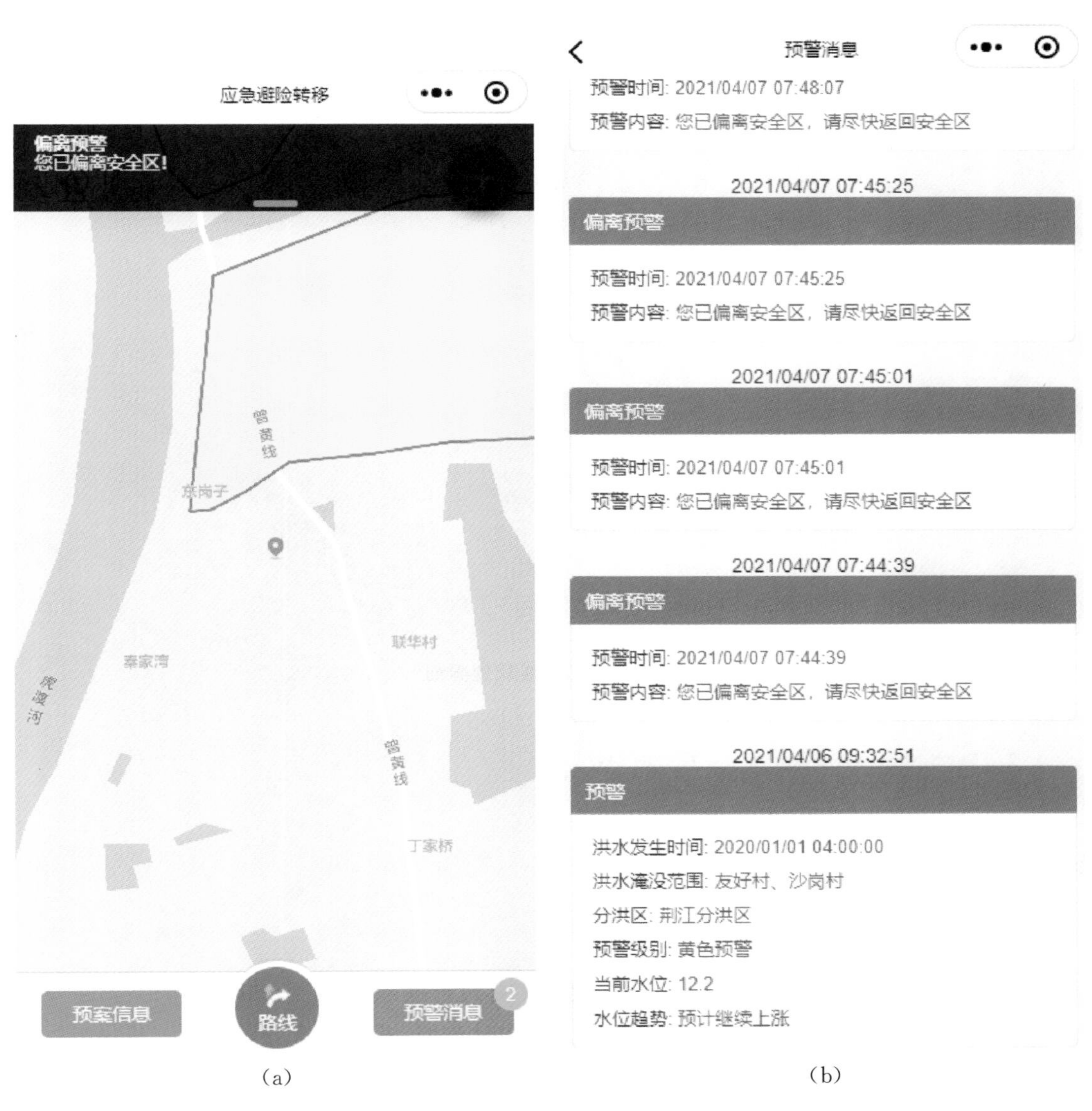

(a) (b)

图 5.3-4 预警消息查看

图 5.3-5　路线规划界面

5.4　应急避险转移系统展示平台

5.4.1　系统三维展示渲染技术

(1)技术要点

基于三维平台实现应急避险区域洪水淹没演进过程模拟，预估淹没风险指标；对洪水威胁区域内人群分布、安全区人员及可容纳人数的实时监控；模拟避险方案人员汇集、转移，对突发事件的应急处置方案进行推荐。

为实现场景中海量网格、人群数据实时动态移动渲染，采用时空数据建模技术对时空数据进行分类关联存储，研究防洪应急避险模型网格对象展示技术和大规模场景实时渲染技术，将数据按业务时间、时序进行读取，高效、流畅、准确地融合在三维场景中(图 5.4-1)。

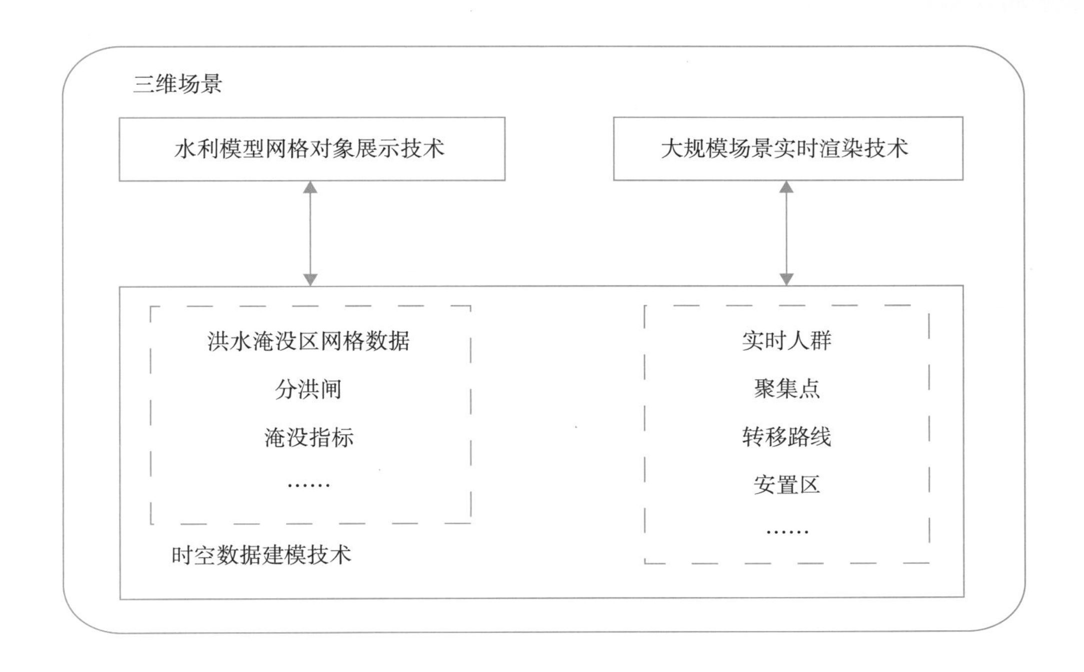

图 5.4-1　时空数据建模及展示大规模场景实时渲染技术

(2)时空数据建模技术

时空数据模型是对海量时空数据进行有效的表达、管理与分析能力的基础和关键。由于时空变化语义的复杂性、时间维表达的特殊性、动态多维扩展后技术实现的繁难性以及海量空间信息考虑时变因素后的超海量性,常规 GIS 基础平台研制和应用系统开发主体仍沿用传统空间数据模型与建模方法,已难以满足 GIS 对时空应用发展的需求,尤其是对海量时空数据管理与分析的需求。

面向对象的时空数据模型是侧重时空实体本身与时空关系的一种模型。以面向对象的基本思想来描述和组织地理时空现象,地理实体都作为对象来建模,在点、线、面等几何表达上增加时间信息,考虑空间拓扑结构和时态拓扑结构。其中,时间、空间及属性在每个时空对象中置于同等重要的地位,对象是独立封闭的具有唯一标识的概念实体;封装每个地理时空对象的时态性、空间特征、属性特征和相关的行为操作及与其他对象的关系。

以面向实体和多尺度时空过程统一集成描述的无缝时空思想为指导,采用基于地理特征域、时空场域、事件域以及关联域相综合的多重表达方法,按时空语义建模、时空数据逻辑建模和时空数据物理建模三个层次对无缝时空的多域集成时空数据模型完成了理论、技术到实践的综合实现。模型在更基础的层面上总结了不同地理事物和现象的时空变化特点,力图更为完整、有效地表达时空变化语义,设计相应的数据组织结构,并在解决海量时空数据的高效组织与存储问题上力争有所突破。

本业务场景涉及人员、聚集点、转移路线及安置区的状态变化，同时也涉及聚集和撤离到安全区域的过程。人员沿路线到达安置区的过程中，人员与路线、安置区的时空关系一直在改变。制定洪水淹没区避洪转移预案时，要考虑淹没区域内需要撤离的人数，撤离人员到哪些地点集中转移，转移的道路及转移到达的安全的安置区。启动预案后，人员在规定时间内汇聚到聚集点，然后各聚集点分批将人员沿预案中制定的转移路线撤离到安置区。根据道路实时拥堵情况、安置区可容纳总量，实时动态地规划转移路线。

采用面向对象的时空数据模型，将地理空间实体转化为带时间、空间及状态属性的点、线、面时空地理对象，通过对象的属性、动作和事件，来实现对象的状态特征改变、移动的过程及相互关系的变化(图 5.4-2)。在三维场景中对实体进行依时序、多层次、多维度的视觉渲染模拟，更加直观立体地表现了人员聚集、分批撤离路线及安置区不同时刻容纳的状况。

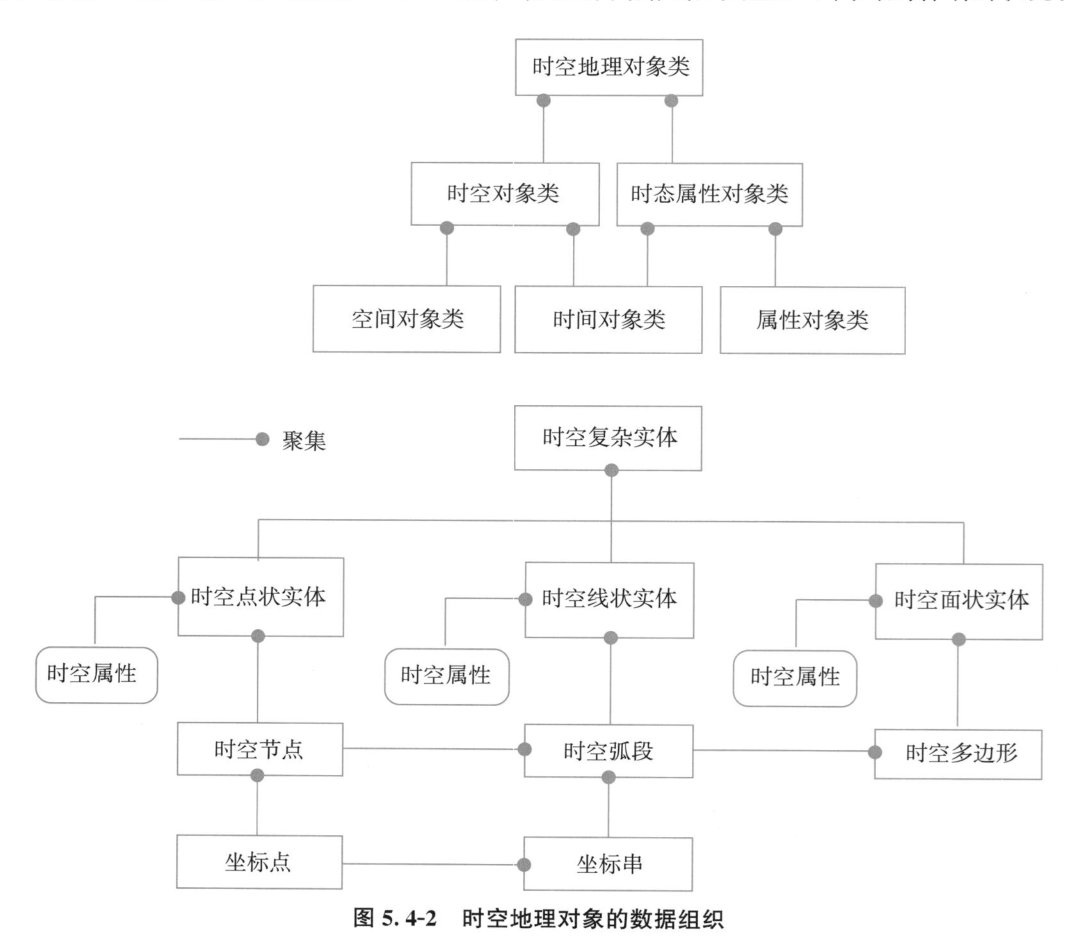

图 5.4-2　时空地理对象的数据组织

(3)水利模型网格对象展示技术

在计算及模拟洪水的演变时，经常运用网格对象来反映和表达，这种模型侧重于表达时空实体变化过程，根据地理、地形特征将研究范围用规则或不规则的网格（如方格、三角形、六角形、Voronoi 图等）覆盖，用一组铺盖单元记录或表达每一个地理实体的空间分布，单元的大小、形状和走向反映着数据元素本身的大小、形状和走向，并隐含地表达地理实体间的空间关系。再利用水力学专业计算模型，按一定时段差计算出每个网格在不同时刻的水深、流速、流向、水流到达时间等数据，用于模拟洪水到达及消退的流动过程。

水利模型网格对象的显示有两个问题需要解决：一个问题是大量图元绘制的性能问题，这借助网格对象模型的空间索引以及采用 DirectX 进行硬件绘制来解决；另一个问题由网格模型数据的结构可变性导致，对于不同类型的网格数据，需要有一致的显示方案。

在人机交互领域较常采用一种架构模式“模型—视图—控制器”，基本的思路是将数据、展示、控制三种职责分开，我们也采用这样的思路，网格对象模型负责数据部分的职责，由独立的展示子系统负责显示以及与用户的交互。

考虑到网格模型数据由几何数据与属性数据两部分组成，几何数据的格式是固定的，因此可以让展示子系统理解网格模型的几何数据，将模型交给展示子系统时，展示子系统可以直接阅读几何数据并显示。但网格模型的属性数据格式是因模型而异的，从抽象的原理出发，不应该让展示子系统理解各个具体的网格模型，所以展示子系统不能独自完成属性数据的绘制，需要进一步的分解职责，考虑将绘制功能细分为基础绘制功能，比如可以画点、线、面或者贴图，这样的基础功能是通用的，可以与数据的形态无关，展示子系统可以实现这些基础绘制功能。属性数据的结构是可变的，将属性数据看成一个对象时，比如是水深或者流向、流速，由展示子系统提供基础绘制功能给属性数据对象，那么属性数据对象就能利用点、线、面或贴图来展示自己。

对于洪水的演进过程，采用基于网格对象与水动力学模型计算结果融合，从一个设定时刻开始、按一系列相同间隔的时间序列来描述水流持续变化的过程。数据按照固定的空间图层加时间序列的方式进行组织，空间图层中每一个网格有唯一标识符，通过唯一标识符和时间点（或序列号）依时间序列读取出每个网格相应的水深、流速、流向、水流到达时间等属性，用 GIS 专题渲染展示，采用小箭头定位符号角度表示水的流向、分层设色法表现水深，交互可视化编程实现时间轴滑动，可以清晰地看出洪水涨退的过程及最大水深淹没的范围（图5.4-3）。

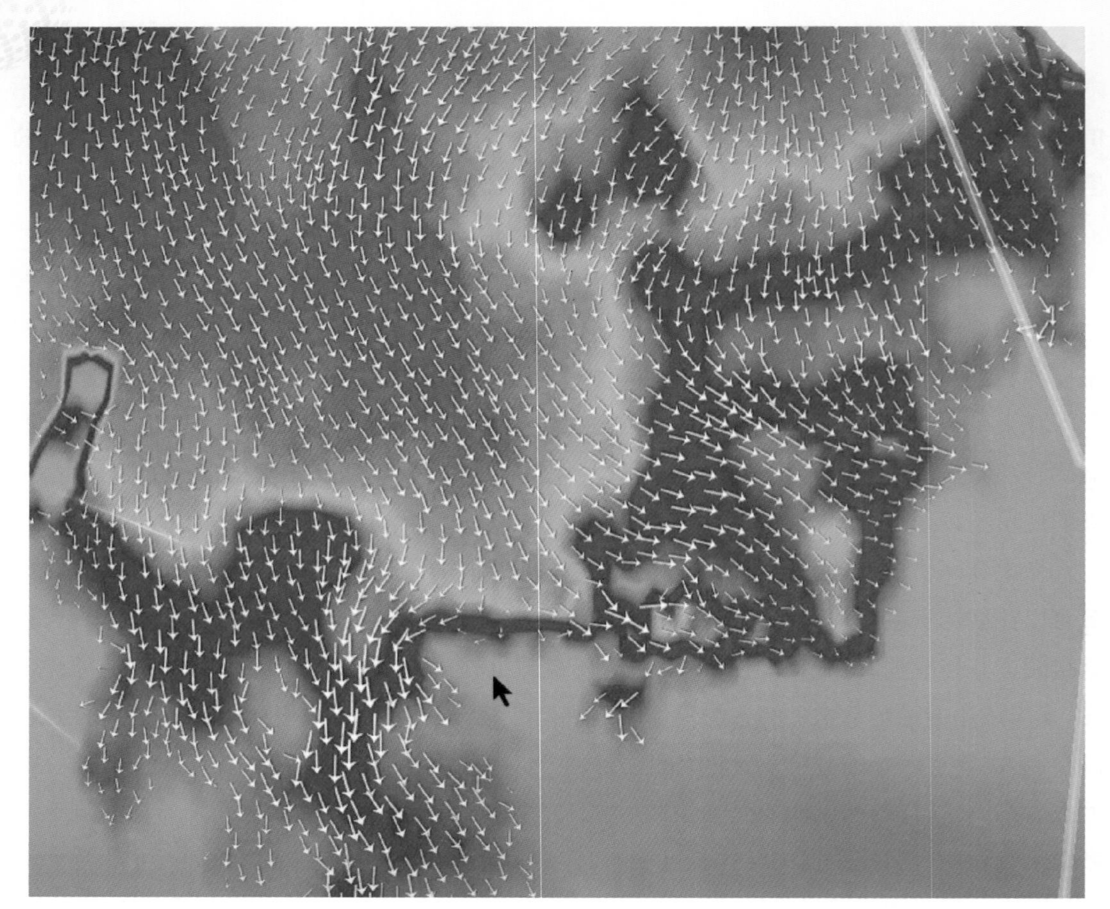

图 5. 4-3　洪水淹没过程

(4)大规模场景实时渲染技术

实时渲染(Real Time Rendering)又可以称作实时绘制,是指系统在一个确定的时间内完成场景中各个物体的位置和姿态的计算与图像的绘制,并随着用户视点改变快速刷新画面,其刷新的速度要求达到人眼觉察不到闪烁(画面更新速度至少应达到 24FPS);同时要求系统对用户的外部输入立即做出响应,并同步更新相应的场景及事件,实现用户与系统的实时交互。

有了构成大规模场景的海量数据,如何实现这些数据在虚拟现实系统中实时渲染呢?可以利用高档计算机处理、存储复杂的模型,如使用计算速度快、存储容量大、图形功能强的图形工作站。但是高端的图形工作站需要大量的投资,非一般的用户能够承受得起,考虑到实际应用的投入产出比,在利用性价比较高的计算机的同时,采用加速绘制技术和算法,力求更有效地解决大规模场景中模型的处理、调度和绘制问题。

因此,围绕渲染数据量和渲染速度的平衡来展开,在一定的条件下,找到这一对矛盾的平衡点,也就解决了大规模场景实时渲染的问题。合理优化的数据结构组织以备渲染使用:

大规模数据需要按照一定的数据结构组织起来，才能够满足实时渲染的需要。拣选要求的数据以减少渲染数据量，该环节是渲染平衡的核心部分，它的主要目的是：在图像质量可以接受的范围内（最大的允许误差范围），最大限度地降低三维模型的复杂度，送给数据的调度环节。为了达到这个目的，可以采取一些主要的技术：实时消隐技术、LOD技术。这个环节很重要，因为实时渲染的实时性取决于渲染的速度指标，而渲染的速度在硬件资源一定的情况下，只能通过优化算法来减少计算量来实现，快速高效的数据调度以提高渲染速度。对于由海量数据形成的大规模复杂场景而言，数据的合理调度一直是需要重点克服的难点，这是因为目前的计算机内存容量不可能提供足够的空间来把所有的场景数据都加载到系统中去，所以必须找到一套策略把系统当前需要渲染的数据及时加载进来，把不需要的数据及时从内存中卸载掉，这些都涉及内存的调度机制，一个高效的I/O系统对整个渲染的影响都是至关重要的。

层次细节模型（Level of Detail，LOD）技术是一种控制目标物体细节简化程度的技术，根据目标物体在所处环境中的位置和重要程度，在渲染时进行合理的资源分配，减少非重要目标物体的渲染细节，从而能更高效地渲染场景和目标物，获得更好的可视化效果。该技术能够在不影响场景可视化效果的条件下，通过减少目标物体表面的渲染细节来降低场景绘制时的数据量，从而提高绘制效率和可视化效果。根据视点远近，当目标物体距离观察点较近时，选取细节程度较高的模型；当目标物体距离观察点较远时，选取细节程度较低的模型。在绘制地形场景时，除了需要注意视点与目标物体的距离远近之外，更需要考虑地形场景绘制的特殊性，比如视线角度、地形地貌特征、坡地、平地等地表特征等地学的特性。

利用层次细节模型来平衡场景中不同显示视图范围内对象细节及信息加载的程度，实现大小场景流畅顺滑的切换。

5.4.2 系统功能

基于位置信息服务（LBS）、三维地理信息（GIS）技术、水利专业模型、大数据等技术，针对受洪水威胁的防洪保护区、蓄滞洪区、洲滩民垸（滩区）、山洪防治区等对象，开发了防洪避险转移监控平台，覆盖实时监控、淹没风险分析、避险方案生成与管理、转移执行与引导等过程。系统功能为：根据位置大数据，结合空间分析手段，动态识别涉灾区域内人群属性特征与分布，实时掌握各区域内人员聚集情况，引导风险人群转移和现场救生；采用智能优化算法，动态辨识道路可达性及安置区容量，实时优化转移路径和安置方案，并对人口转移进展及效果进行反馈、跟踪与评估。

（1）实时监控界面

遇大洪水需要紧急转移之前，可选择不同互联网及电信运营商的LBS数据来源，接入人群数据，通过LBS数据源展现的人群热力图，实时监控人群分布状态。同时，也可以查看各村组避险转移负责人目前的位置及相关信息、安全区域、道路的分布。

地图上显示道路、接入真实数据时，道路会显示绿、黄、橙、红的拥堵状态，行政区划、村名及人员数量、安全区名及目前已有人员数量/可容纳人员数量，根据 LBS 数据显示人群分布热力图，用来展现人员分布的密度(图 5.4-4)。

(a)

负责人员 187

(b)

异常事件 0件

(c)

0/187
已到达村组数/总村组数

(d)

0%
0/395269
已撤离人数/拟撤离人数

(e)

图 5.4-4　实时监控界面

实时监控模拟展示了当前负责人员的当前位置，界面显示负责人员统计、异常事件统计、到达村组统计及已到达村组数/总村组数，已撤离人数/拟撤离人数。

通过获取移动人员的 LBS 数据生成人群热力图(图 5.4-5)。

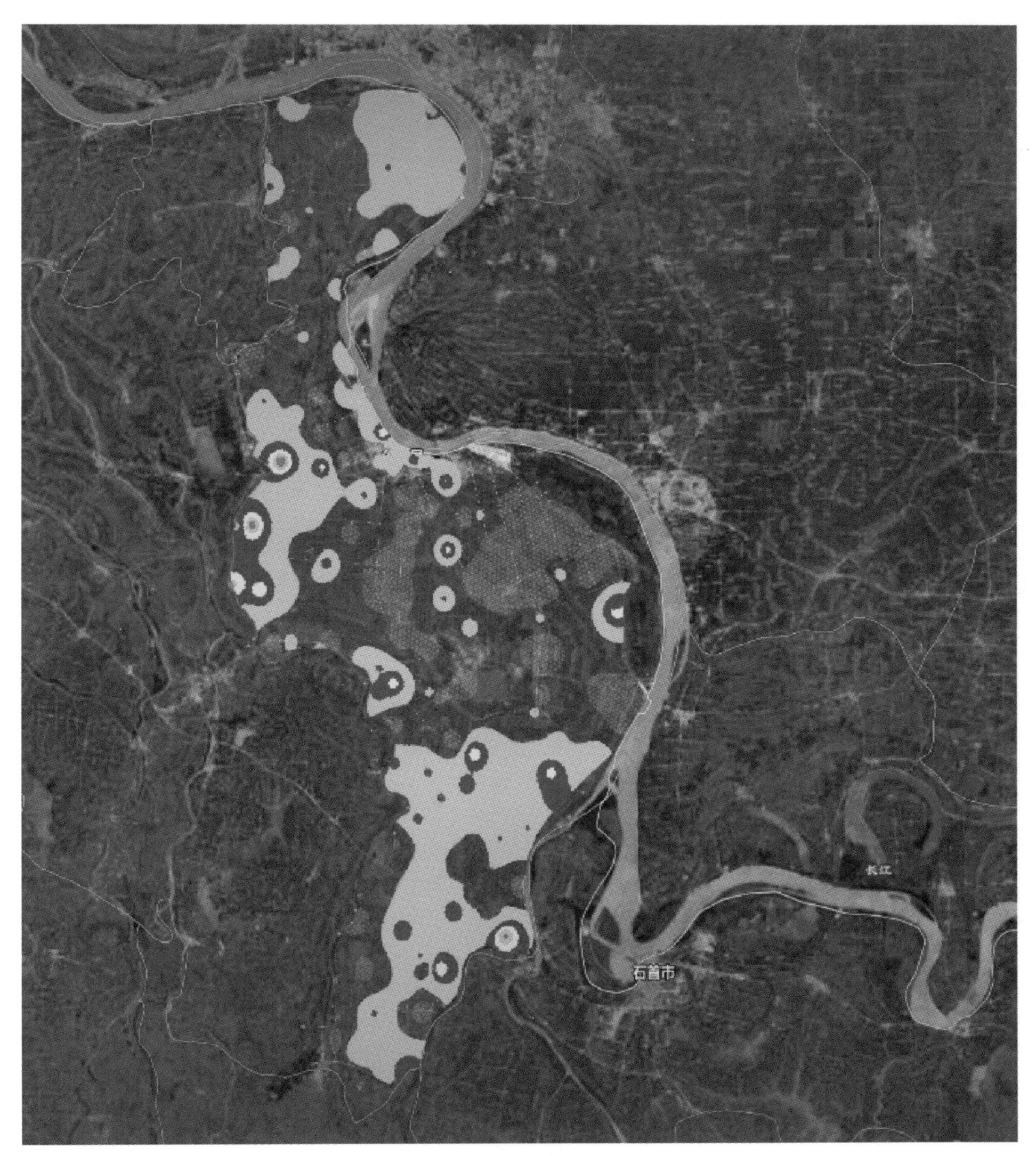

图 5.4-5 人群热力图

(2)洪水淹没风险分析

在地理信息系统平台的支持下，对转移区域进行淹没风险分析。根据可能防洪风险因子，通过专业的水利计算模型，分析预判洪水淹没范围，辨识人员安置安全区域，确认淹没风险预警指标；针对受洪水威胁区域进行洪水淹没范围、最大水深及历时的预判，模拟区域从不同入口分洪时洪水的演进过程，直观看到洪水的流速、流向和分洪时到达的区域，预估淹没风险指标。根据水流的方向、速度、到达位置及不同阶段的水深，判断洪水对人群、房屋、耕地面积的动态影响(图 5.4-6、图 5.4-7)。

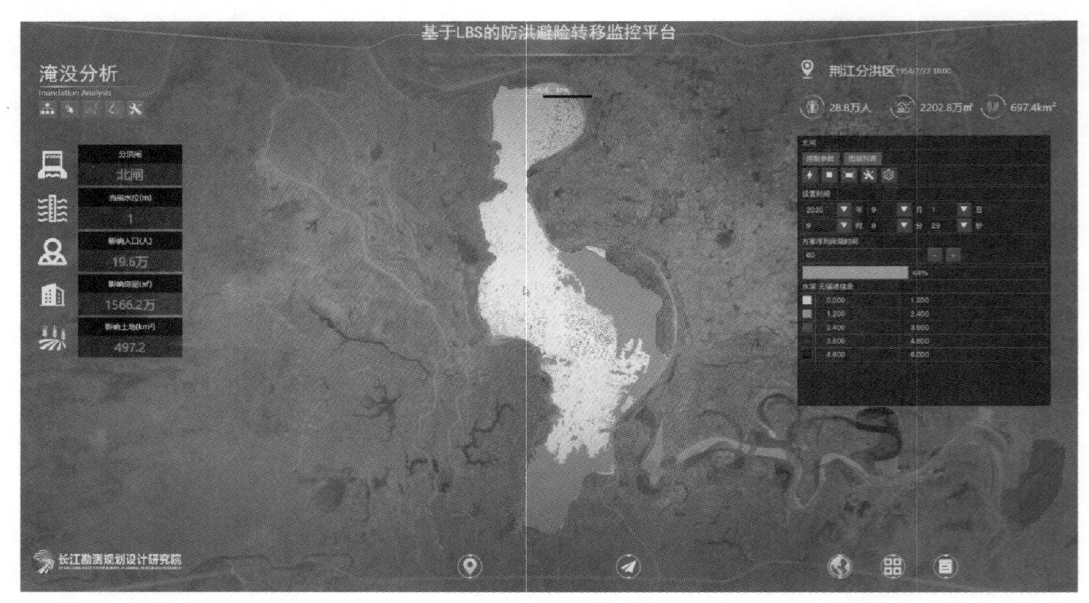

图 5.4-6　洪水淹没整体范围效果

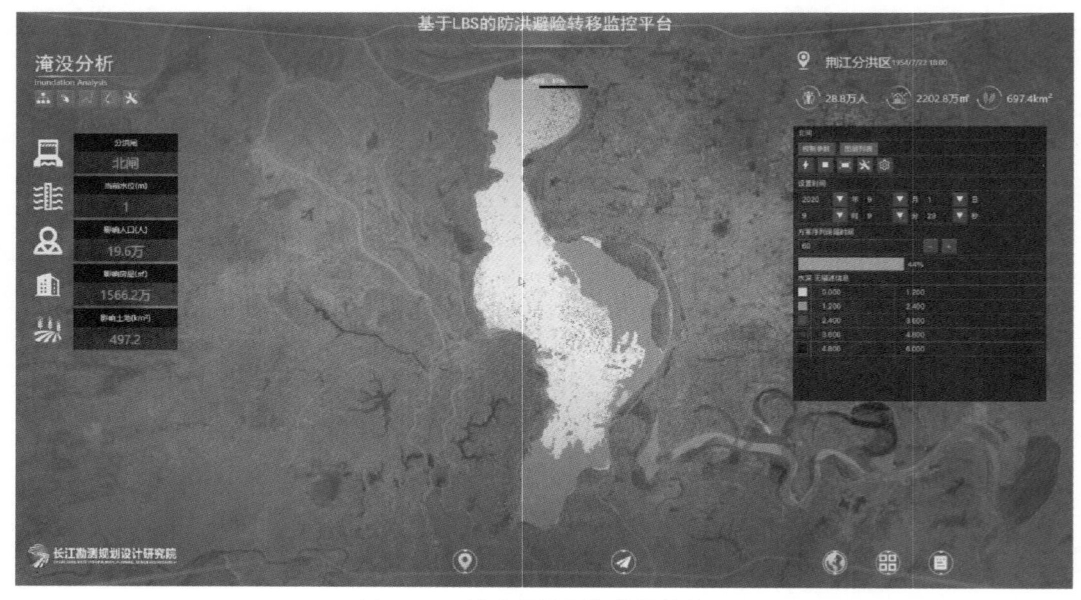

图 5.4-7　洪水淹没局部范围的效果

(3)避险转移方案模拟与监控

根据已有的避险转移预案，切换当前人群数据或模拟的户籍数据，模拟蓄滞洪区分洪前启动避险转移预案的场景，村组负责人通知每个人到达指定的转移地点，然后在转移点分批、分次将人员转送至安置区。

新建、导入、模拟、执行避险方案，为避险转移提供事件应急处理机制，保证避险转移过程的顺利完成。

新建：对于无避险预案的区域，在收集了各村组、负责人、户籍人口等信息的基础上，新建避险转移方案。辨识洪水安全区域，进行勾画，通过新建避险方案来设置负责人员带领人群去往的目的地。

导入：导入完成的避险方案。

模拟：打开已有的避险预案，查看转移的起点和终点，设置不同的人口数据源，模拟人员汇集、转移的过程。

选择数据源为模拟数据，设置洪水到达事件、安全撤离完成事件、数据更新时间(图 5.4-8)。

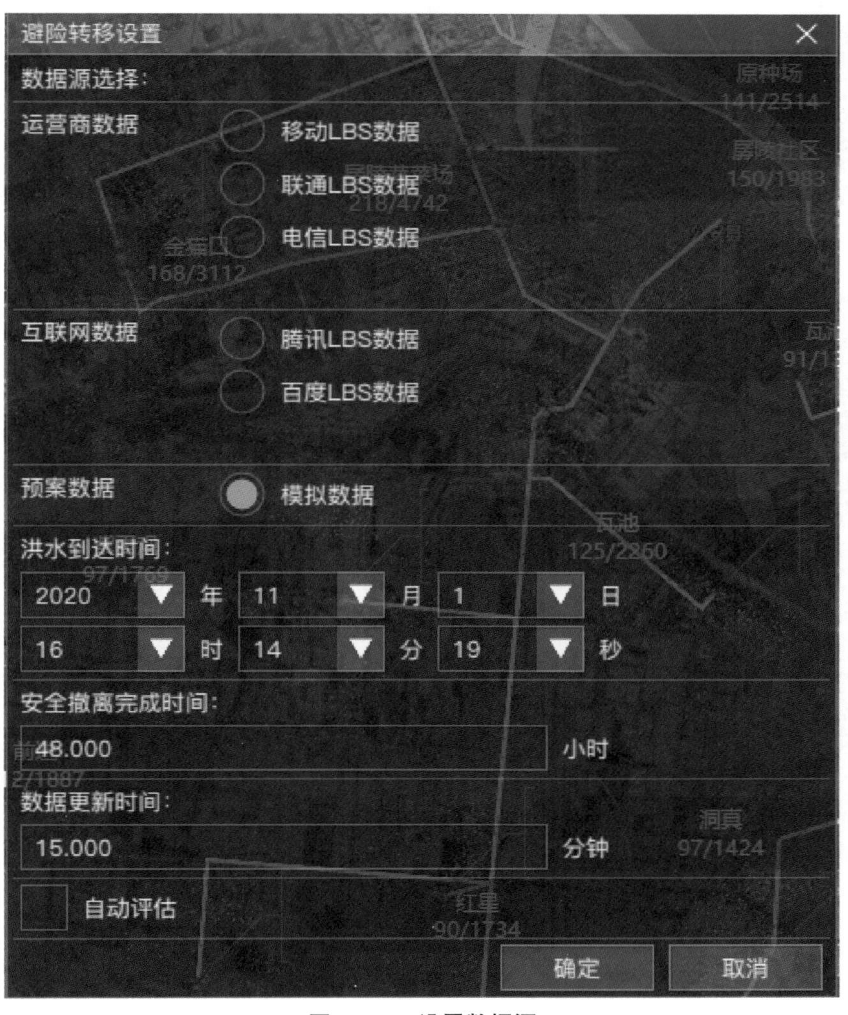

图 5.4-8 设置数据源

模拟蓄滞洪区分洪前启动避险转移预案场景，通过发送短信到区域内人员手机上，通知每个人到达指定的转移地点，然后在转移点分批、分次将到达人员转送至安置区。

点击下方【开始模拟】，即开始模拟人员转移效果(图 5.4-9 至图 5.4-14)。

图 5.4-9　避险转移模拟

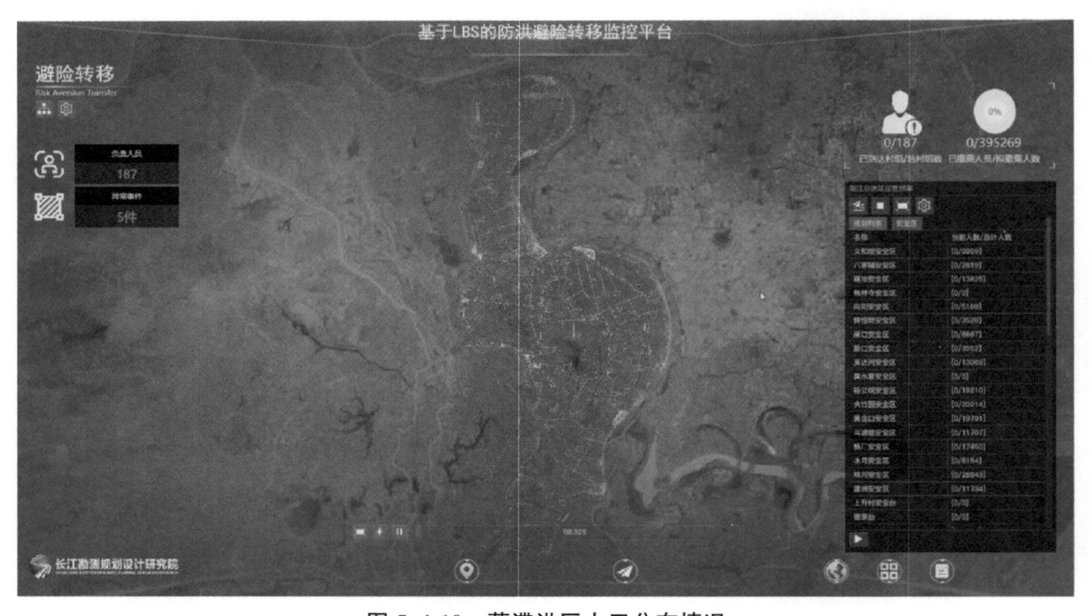

图 5.4-10　蓄滞洪区人口分布情况

图 5.4-11　人员向转移点聚集

图 5.4-12　紫色红点表示人员聚集到转移点后，向安置区转移

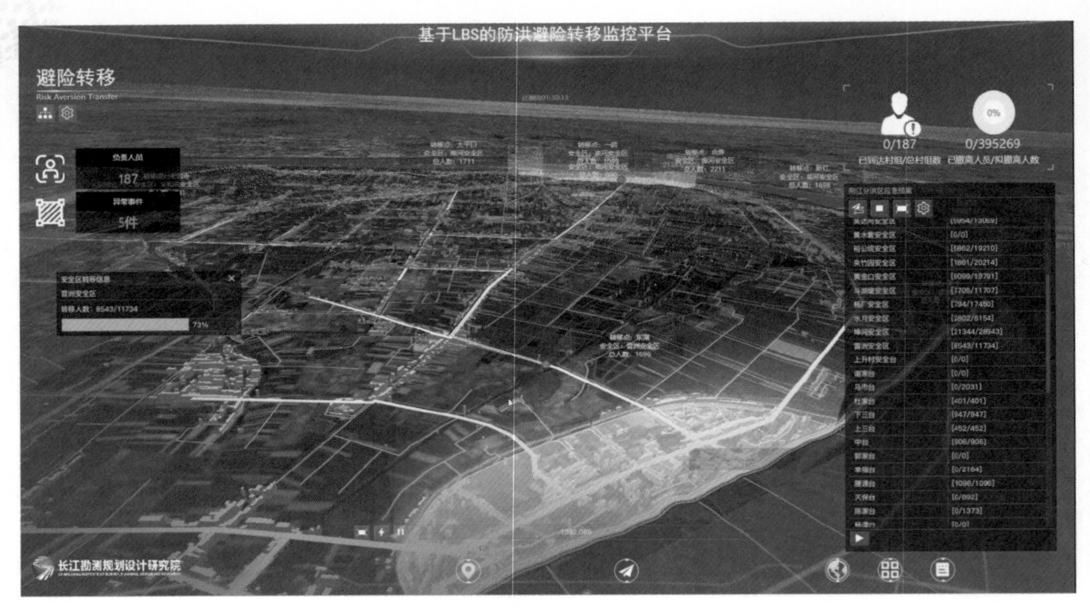

图 5.4-13　人员向安置区转移的过程

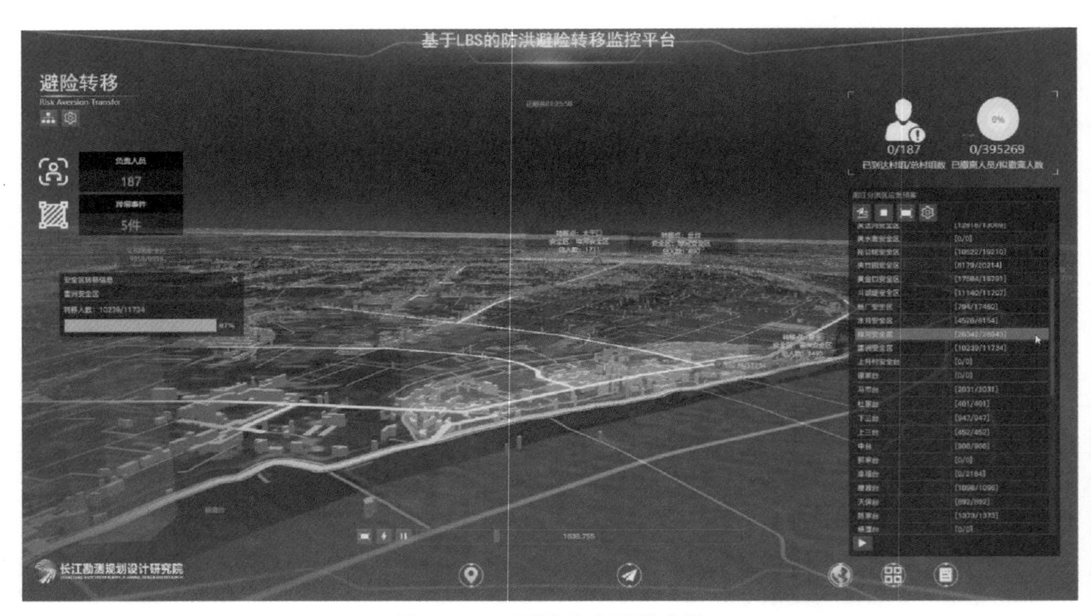

图 5.4-14　到达安全区的人数

规划列表展示了规划路线并且将转移异常放在上方，图 5.4-15 为容纳人员已满。

图 5.4-15　异常事件展示

点击定位到异常的规划路线，弹出线路规划窗口，点其中任意一个修改方案可显示修改后的效果。

如果到达某些转移点现场人员数量与预案制定的人数有一定偏差，可以及时通过优化路线计算，并计算安置区容量，达到将现场人员全部转移到安全的安置区的目标(图 5.4-16)。

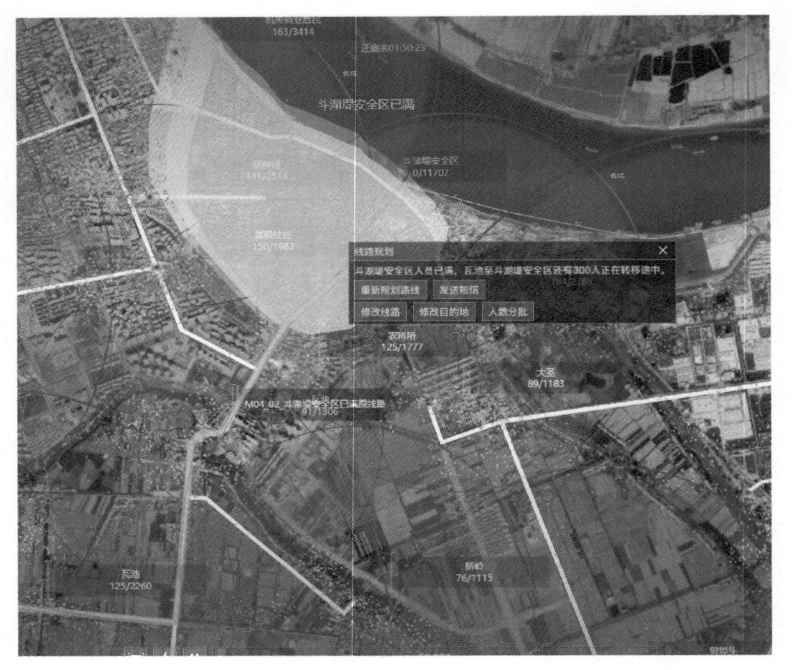

(a)

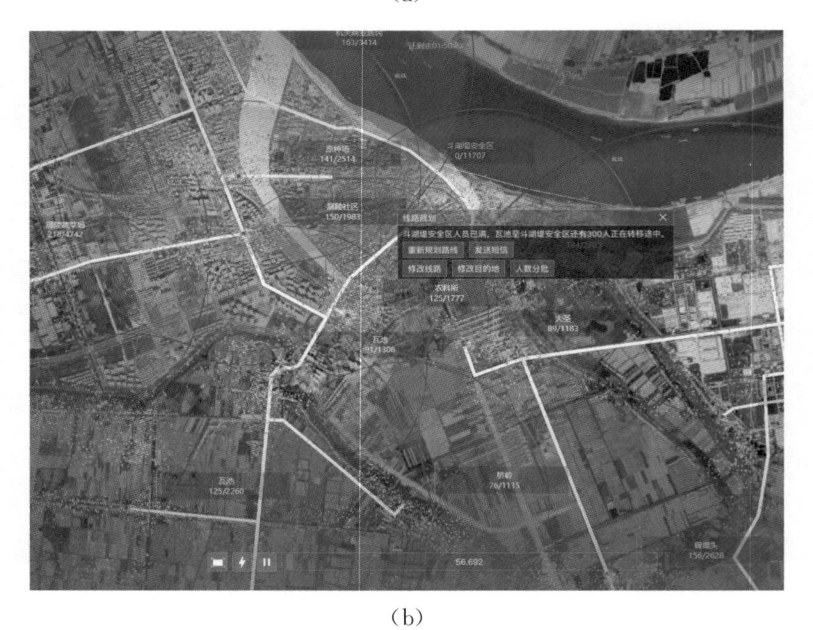

(b)

图 5.4-16　异常事件处理

模拟结束后弹出模拟与处理结果(图 5.4-17)。

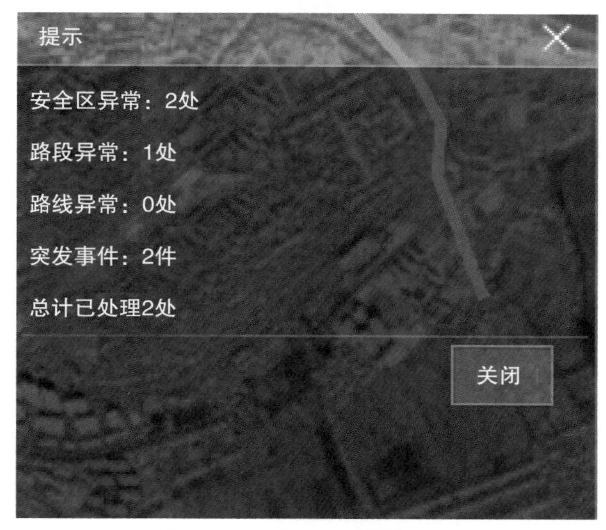

图 5.4-17　显示避险模拟结果

点击负责人员图标可弹出负责人员窗口,可查看各村负责人员详情(图 5.4-18)。

图 5.4-18　负责人员

通过引入互联网和手机通信定位大数据,突破传统上基于户籍的人员转移方式瓶颈,可以实时监控人群位置及转移效果,对方案进行反复模拟调整,对安置容量动态辨识与避险转移路径实时优化。

(4)转移执行与引导

当下达避险转移命令后,在预定的时间实施人群转移。在执行过程中,对人群进行全过程跟踪与转移效果评估。整个过程都是动态发生、实时计算处理、快速反馈,通过这些步骤的循环,对人群安全转移的进展进行反馈与跟踪,直至人群完全安全撤离。

在人员转移过程中,模拟突发的各类事件。比如,当前人口分布与预案制定的人口分布不一致时,导致某些安全区满员时后台计算给出不同目的地的推荐;道路损毁或拥堵时,实时评估新的转移道路,并通过短信接口发送给转移负责人员,带领人群通过新的转移路线或到达新的目的地。如果到达某些转移点,现场人员数量与预案制定的人数有一定偏差,可以及时通过优化路线计算,并计算安置区容量,达到将现场人员全部转移到安全的安置区的目标(图 5.4-19 至图 5.4-21)。

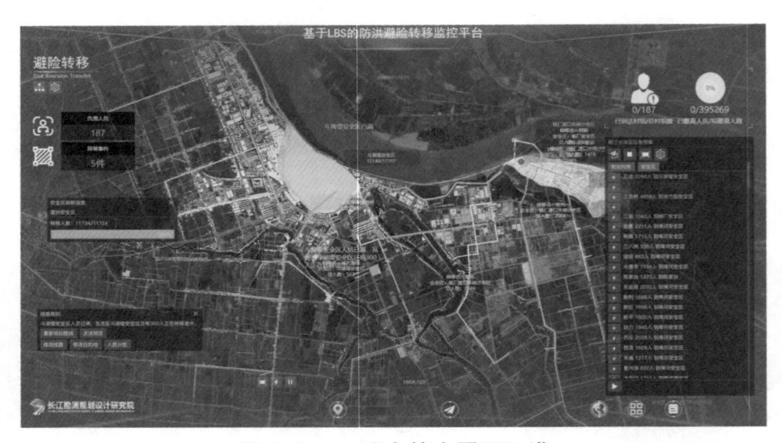

图 5.4-19　预定的安置区已满

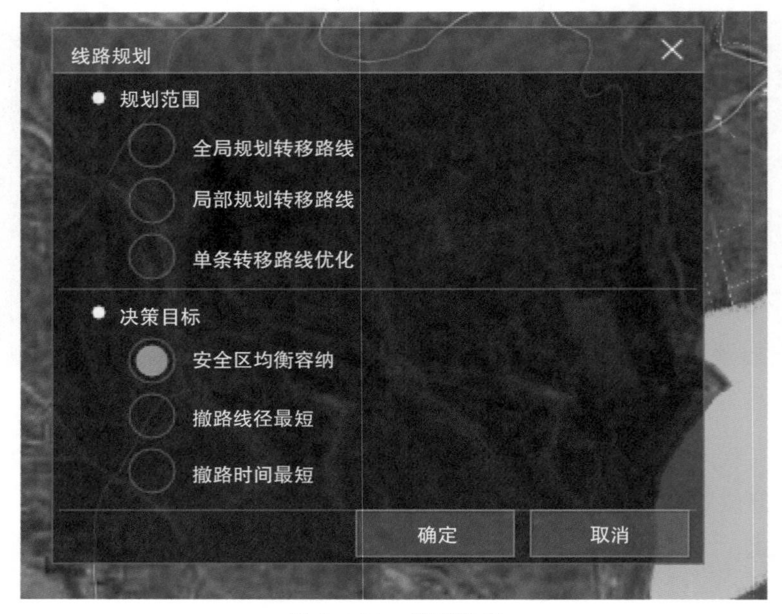

图 5.4-20　线路规划

基于LBS的防洪避险转移监控平台
避险转移
Risk Aversion Transfer
负责人员
187
异常事件
5件
0/187
0/395269
长江勘测规划设计研究院

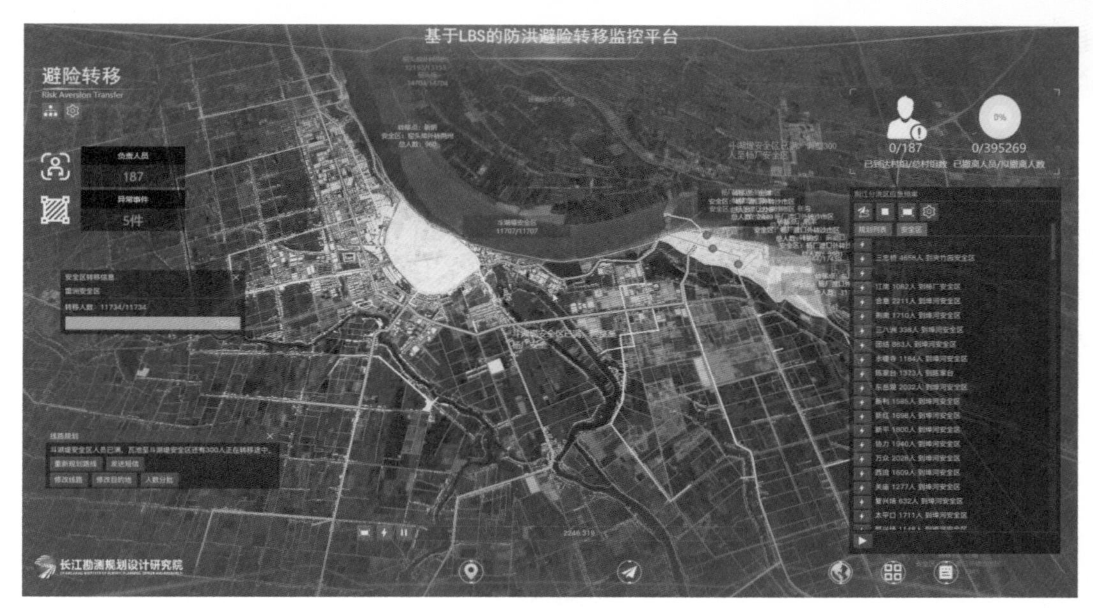

图 5.4-21　调整新的安置区

可点击【发送短信】，提示相关人员如何撤离转移(图 5.4-22)。

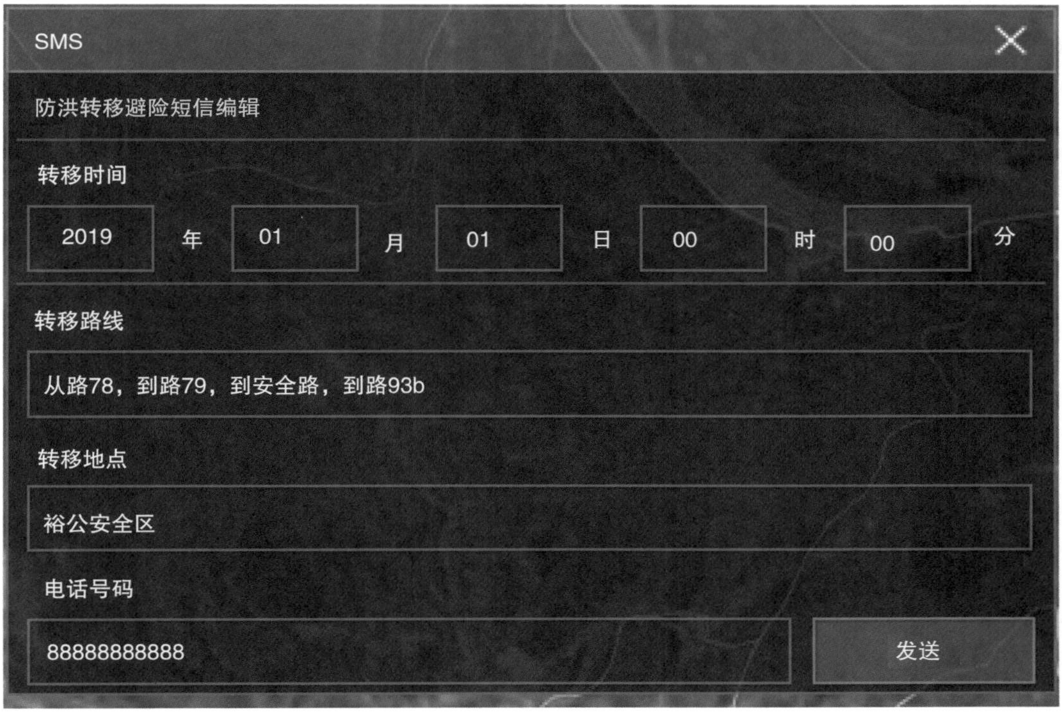

SMS
防洪转移避险短信编辑
转移时间
2019 年 01 月 01 日 00 时 00 分
转移路线
从路78，到路79，到安全路，到路93b
转移地点
裕公安全区
电话号码
88888888888
发送

图 5.4-22　发送短信

执行监控：在方案模拟、调整完成之后，可以在预定的时间实施执行。当避险方案设置完成，在下达转移指令后，避险转移监控平台开始执行监控，根据选择的 LBS 数据源，地图上实时更新人员分布信息，掌握转移过程中的不同阶段到达安置区的村组及人员转移完成的进度(图 5.4-23)。

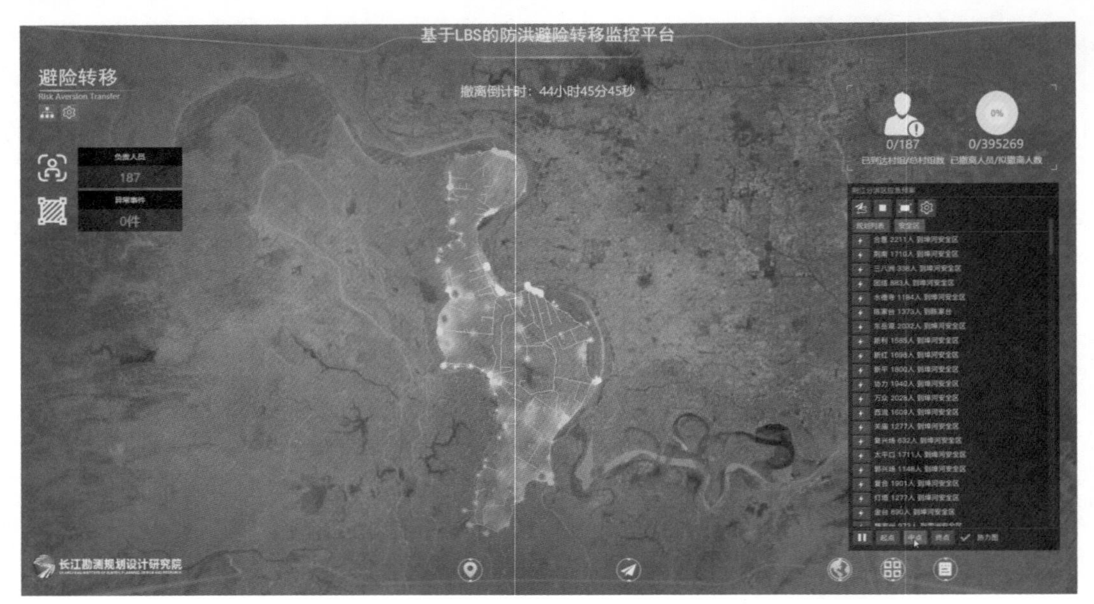

(a)转移之初

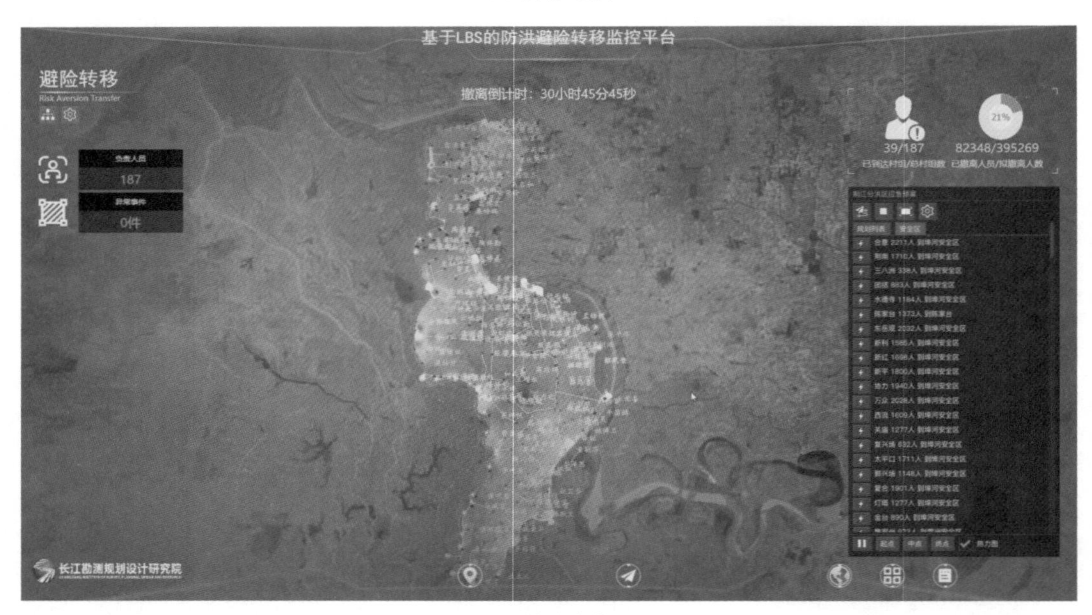

(b)转移中期

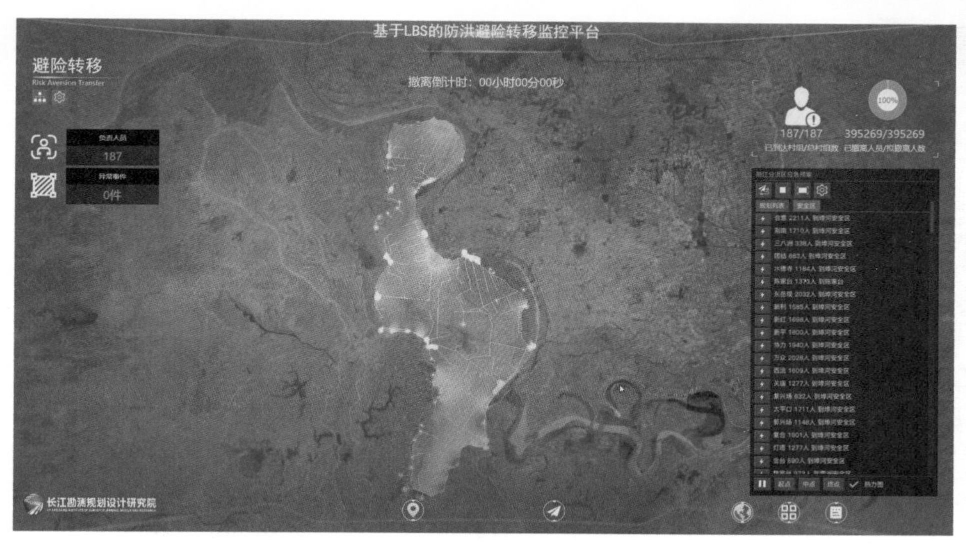

(c)转移完成

图 5.4-23　不同转移阶段的人群热力图

遇到突发事件，推送到界面上来，监控人员进行路线规划，再将平台给出的推荐路线发送给突发事件的负责人，最终保证全部人员安全撤离。

引入互联网和手机通信定位大数据，突破传统上基于户籍的人员转移方式瓶颈。在执行过程中，可以实时监控人群位置及转移效果，对人群进行全过程跟踪与转移效果评估，对方案进行反复模拟调整，对安置容量动态辨识与避险转移路径实时优化。整个过程是动态发生、实时计算处理、快速反馈，通过这些步骤的循环，对人口安全转移的进展进行反馈与跟踪，直至人群完全安全撤离(图 5.4-24、图 5.4-25)。

图 5.4-24　突发道路损毁

图 5.4-25　重新规划转移路线

5.5　应急避险决策支持平台接口与代码实现

基于水动力学模型快速构建与洪水风险动态评估技术、高风险区域人群精准识别及快速预警技术、基于实时人群属性的人员避险转移安置方案动态优化技术，构建应急避险决策支持平台，平台由应急避险转移系统、微信小程序以及展示平台三大部分组成，为应急避险路径科学制定、决策方案制定提供科学依据。

5.5.1　App 老幼人口数据上报

针对当前 LBS 难以实现老幼人口位置监测现象，开发人口数据上报接口，用户可对家庭成员姓名、性别、出生日期、户籍地址、现住址、手机号、手机是否联网等基本信息进行上报，并支持基本信息的新增、删除、修改以及查询，为后续人工填报数据与 LBS 定位监测数据融合提供数据支撑。该功能模块接口以及代码实现如下所示：

```
1. <viewclass="container">
2. <viewclass="form-wrap">
3. <wux-form id="wux-form">
4. <wux-cell-group>
5. <wux-field name="username">
6. <wux-cell hover-class="none">
7. <wux-input label="姓名" placeholder="请填写" />
8. </wux-cell>
```

```
9. </wux－field>
10. <wux－field name="gender">
11. <wux－popup－select options="{{ genderOptions }}" bind:confirm="onGenderConfirm">
12. <wux－cell title="性别" is－link extra="{{ genderDisplay }}"></wux－cell>
13. </wux－popup－select>
14. </wux－field>
15. <wux－field name="birthday">
16. <wux－date－picker mode="date" lang="zh_CN" minDate="1920-01-01 00:00:00" bind:confirm="onDateConfirm">
17. <wux－cell title="出生日期" is－link extra="{{ displayDate }}"></wux－cell>
18. </wux－date－picker>
19. </wux－field>
20. <wux－field name="health">
21. <wux－popup－select options="{{ healthOptions }}" bind:confirm="onHealthConfirm">
22. <wux－cell title="身体状况" is－link extra="{{ healthDisplay }}"></wux－cell>
23. </wux－popup－select>
24. </wux－field>
25. <wux－field name="telephone">
26. <wux－cell hover－class="none">
27. <wux－input label="手机号" type="number" placeholder="请填写" />
28. </wux－cell>
29. </wux－field>
30. <wux－field name="address">
31. <wux－cell title="住址" extra="{{ address }}" bind:click="onCascadeOpen"></wux－cell>
32. </wux－field>
33. </wux－cell－group>
34. <viewclass="btn－area">
35. <wux－button block type="balanced" bindtap="onSubmit">确认</wux－button>
```

```
36. </view>
37. </wux-form>
38. </view>
39.
40. </view>
41. <wux-cascader visible="{{ cascadeVisible }}" default-value="{{ cascadeVal-
ue }}" title="所在地区"
42. options="{{ cascadeOptions }}" defaultFieldNames="{{cascadeValue}}" bind:
close="onCascadeClose" bind:change="onCascadeChange"/>
43. <wux-toptips id="wux-toptips" />
44. <wux-toast id="wux-toast" />
45.
46.
47. onSubmit() {
48. const { getFieldsValue, getFieldValue, setFieldsValue } = $wuxForm()
49. const value = getFieldsValue()
50. console.log('Submit \n', value)
51. console.log(this.data.cascadeValue);
52. if (! this.WxValidate.checkForm(value)) {
53. const error = this.WxValidate.errorList[0]
54. this.showInvalidToast(error)
55. return false
56.   }else if(this.data.cascadeValue[3]==''){
57. this.showInvalidToast({msg:'请将住址填写完整'})
58. return false
59.   }else{
60. miniUserSave({
61. name:value.username,
62. sex:value.gender,
63. birthday:this.data.displayDate,
64. healthCondition:this.data.healthDisplay,
65. phone:value.telephone,
66. address1:this.data.cascadeValue[0],
67. address2:this.data.cascadeValue[1],
68. address3:this.data.cascadeValue[2],
```

```
69. address4:this. data. cascadeValue[3],
70. wxid:wx. getStorageSync('wxid'),
71. id:app. globalData. userInfo? app. globalData. userInfo. id:'
72.   }). then(res => {
73. console. log(res)
74. if(res. code=='200'){
75. $wuxToast(). show({
76. type:'success',
77. duration: 1500,
78. color:'#fff',
79. text:'操作成功',
80. success: () => {
81. wx. navigateTo({
82. url:'. . /. . /personal-center/personal-center'
83.   })
84.   }
85.   })
86.   }
87.   })
88.   }
89.   }
90.
91. @ApiOperation("用户数据编辑接口")
92. @PostMapping("/save")
93. public Result save(@RequestBody MiniUserDto miniUserDto) {
94. Result result=new Result();
95. miniUserService. addEdit(miniUserDto);
96. return result;
97. }
98.
99. public void addEdit(MiniUserDto miniUserDto) {
100. MiniUser miniUser=new MiniUser();
101. ClassUtils. stringToObject(miniUserDto, miniUser);
102. if(StrUtil. isEmpty(miniUserDto. getId())){
103. miniUser. setId(UUID. randomUUID(). toString(). replaceAll("-",""));
```

```
104. miniUser. setCreateTime(new Date());
105. miniUserMapper. insert(miniUser);
106.    }else{
107. miniUserMapper. updateByPrimaryKey(miniUser);
108.    }
109. }
110.
111. @Data
112. public class MiniUserDto extends BaseEntity implements Serializable{
113.
114. private static final long serialVersionUID = 1L;
115.
116. @ApiModelProperty(value="一级地址")
117. private String address1;
118.
119. @ApiModelProperty(value="二级地址")
120. private String address2;
121.
122. @ApiModelProperty(value="三级地址")
123. private String address3;
124.
125. @ApiModelProperty(value="四级地址")
126. private String address4;
127.
128. @ApiModelProperty(value="生日")
129. private String birthday;
130.
131. @ApiModelProperty(value="")
132. private String createTime;
133.
134. @ApiModelProperty(value="身体状况")
135. private String healthCondition;
136.
137. @ApiModelProperty(value="")
138. private String id;
```

```
139.
140. @ApiModelProperty(value="姓名")
141. private String name;
142.
143. @ApiModelProperty(value="手机号")
144. private String phone;
145.
146. @ApiModelProperty(value="性别")
147. private String sex;
148.
149. @ApiModelProperty(value="微信 id")
150. private String wxid;
151.
152. }
```

5.5.2 LBS 数据获取与融合

随着大数据、物联网等技术发展，腾讯、阿里、华为、百度等互联网公司以及联通、移动、电信等通信运营商均设计了 LBS 的区域信息接口、各时刻人数接口、人员流入流出接口、区域定位权重接口、区域画像接口。本平台调用的接口为腾讯公司 LBS 接口，为高风险区域人群识别、各行政区划及安全区范围内的人群数量、人群画像绘制提供基础数据，为实时路径规划提供科学依据。该功能模块接口情况如下所示：

```
1. // 每个小时的第 10 分钟进行数据同步
2. @Scheduled(cron = "0 10 * * * ?")
3. public void catchTxData() {
4. if(springProfilesActive. equals("dev")){
5. return;//开发环境不缓存数据
6.   }
7. // 同步数据的范围是上一个小时
8. String lastHourTime = DateUtil. getLastHourTime(new Date(), 1);
9. System. out. println("开始缓存———》"+lastHourTime);
10. DateTime lastHourDate = cn. hutool. core. date. DateUtil. parse(lastHourTime,"
yyyy-MM-dd HH");
11. // 获取所有分洪区
12. List<LbsFloodDiversionArea> lbsFloodDiversionAreas = floodDiversionArea-
Mapper. selectAll();
```

```
13. // 每个分洪区都进行同步数据
14. for (LbsFloodDiversionArea lbsFloodDiversionArea:lbsFloodDiversionAreas) {
15. lbsTxPointDataService. cacheTxData(lastHourDate,LastHourDate,lbsFloodDiversionArea. getId());
16.   }
17.   }
18.
19. @Transactional
20. public void cacheTxData(Date startDate, Date endDate,String floodDiversionAreaId) {
21. // 设置 lbs 数据区域查询对象
22. HashMap<String, Object> tencentAreaCondition =new HashMap<>();
23. // 设置需要查询的分洪区 id
24. tencentAreaCondition. put("floodDiversionAreaId",floodDiversionAreaId);
25. // 查询对应的区域列表
26. List<MapTencentArea> txAreaList = dataManage. listTencentArea(tencentAreaCondition);
27.
28. // 地理区域数组,用于设置 Lbs 数据处于哪个区域
29. JSONArray lbsAreaJsonArray =new JSONArray();
30. LbsLocationStart startSearch =new LbsLocationStart(); startSearch. setLbsType("起点");
31. startSearch. setFloodDiversionAreaId(floodDiversionAreaId);
32. // 查询所有的起点区域
33. List < LbsLocationStart > startList = lbsLocationStartMapper. select ( startSearch);
34.
35. // 终点区域查询条件
36. LbsLocationEnd endSearch =new LbsLocationEnd();
37. endSearch. setLbsType("终点");
38. endSearch. setType("安全区");
39. endSearch. setFloodDiversionAreaId(floodDiversionAreaId);
40. endSearch. setSimulation(0);
41. // 查询所需要的终点区域
42. List<LbsLocationEnd> endList=lbsLocationEndMapper. select(endSearch);
```

```
43.
44. // 将起点和终点都存入区域数组
45. for (LbsLocationStart start : startList) {
46. lbsAreaJsonArray.add(JSON.parseObject(JSON.toJSONString(start)));
47.   }
48. for (LbsLocationEnd end : endList) {
49. lbsAreaJsonArray.add(JSON.parseObject(JSON.toJSONString(end)));
50.   }
51.
52. //删除这个日期的历史记录
53. Example example =new Example(LbsTxPointData.class);
54. Example.Criteria criteria = example.createCriteria();
55. criteria.andEqualTo("floodDiversionAreaId",floodDiversionAreaId);
56. criteria.andBetween("monTime",startDate,DateUtil.offsetHour(endDate,-1));
57. lbsTxPointDataMapper.deleteByExample(example);
58.
59. //开始按区域进行同步
60. for (MapTencentArea tencentArea : txAreaList) {
61.
62. Map<String, Object> param = Maps.newHashMap();
63. // 设置 lbs 接口查询条件
64. param.put("key", TENCENT_KEY);
65. param.put("id", tencentArea.getAreaid());
66. param.put("begin", startDate.getTime()/1000);
67. param.put("end",DateUtil.offsetHour(endDate,1).getTime()/1000);
68. param.put("interval",60);
69.
70. //人口数据查询
71. JSONObject populationResult = HttpClientUtil.httpPost(TENCENT_AREA_
POPULATION_URL,new JSONObject(param));
72. //权重数据查询
73. JSONObject weightResult = HttpClientUtil.httpPost(TENCENT_POINT_
WEIGHT_URL,new JSONObject(param));
74. param.put("type","1,2");
75. // 画像数据查询
```

```
76. JSONObject userprofileResult = HttpClientUtil. httpPost(TENCENT_USER-
PROFILE_URL,new JSONObject(param));
77.
78. try {
79. //当未查询到数据时不进行处理
80. if (populationResult. getJSONArray ("data") == null || populationRe-
sult. getJSONArray("data"). size()==0){
81. continue;
82. }
83. }catch (Exception e){
84. e. printStackTrace();
85. }
86.
87. // 按照时间点循环进行解析存储
88. for(int timeIndex = 0; timeIndex< populationResult. getJSONArray("data")
. size() - 1;timeIndex++){
89. Date monitorDate = DateUtil. parseDateTime(populationResult. getJSONArray
("data"). getJSONObject(timeIndex). getString("time"));
90. // 最终会以一个个点的方式存储数据
91. JSONArray points = weightResult. getJSONArray ("data") . getJSONObject
(timeIndex). getJSONArray("points");
92. //总权重
93. int totalWeight = 0;
94. for (int i = 0; i < points. size(); i++) {
95. JSONObject point = points. getJSONObject(i);
96. totalWeight+= point. getInteger("weight");
97.   }
98. System. out. println("总权重:"+totalWeight);
99.
100. // 人口画像
101. Map<String,Double> sexMap =new HashMap<>();
102. // 性别数据
103. sexMap. put("男",0. 0);
104. sexMap. put("女",0. 0);
105. // 年龄数据
```

```
106. Map<String,Double> ageMap =new HashMap<>();
107. ageMap. put("<10",0. 0);
108. ageMap. put("10—19",0. 0);
109. ageMap. put("20—29",0. 0);
110. ageMap. put("30—39",0. 0);
111. ageMap. put("40—49",0. 0);
112. ageMap. put("50—59",0. 0);
113. ageMap. put(">=60",0. 0);
114.
115. if ( userprofileResult. getJSONArray ( " data")! = null&&userprofileResult. get
JSONArray("data"). size() > 0){
116. //得到性别比例
117. JSONArray sexArray=userprofileResult. getJSONArray("data"). getJSONObje
ct(0). getJSONArray("gender");
118. if(sexArray. size()>=2){
119. sexMap. put("男",sexArray. getJSONObject(0). getDoubleValue("percent"));
120. sexMap. put("女",sexArray. getJSONObject(1). getDoubleValue("percent"));
121.   }
122. // 解析得到年龄比例
123. JSONArray ageArray=userprofileResult. getJSONArray("data"). getJSONObje
ct(0). getJSONArray("age");
124. for (int i = 0; i < ageArray. size(); i++) {
125. JSONObject ageValue = ageArray. getJSONObject(i);
126. switch (ageValue. getString("property")){
127. case "<10":
128. ageMap. put("<10",ageValue. getDoubleValue("percent"));
129. break;
130. case "10—19":
131. ageMap. put("10—19",ageValue. getDoubleValue("percent"));
132. break;
133. case "20—29":
134. ageMap. put("20—29",ageValue. getDoubleValue("percent"));
135. break;
136. case "30—39":
137. ageMap. put("30—39",ageValue. getDoubleValue("percent"));
```

```
138. break;
139. case "40—49":
140. ageMap.put("40—49",ageValue.getDoubleValue("percent"));
141. break;
142. case "50—59":
143. ageMap.put("50—59",ageValue.getDoubleValue("percent"));
144. break;
145. default:
146. ageMap.put(">=60",ageMap.get(">=60")+ageValue.getDoubleValue
("percent"));
147. break;
148.   }
149.   }
150.   }
151. // 用于存储数据的数组
152. List<LbsTxPointData> saveList=new ArrayList<>();
153.
154. // 总人口数据
155. int population = populationResult.getJSONArray ( " data") . getJSONObject
(timeIndex).getInteger("value");
156.
157. // 循环解析每一个点的具体画像数据
158. for (int i = 0; i < points.size(); i++) {
159. JSONObject point = points.getJSONObject(i);
160. Double weight = point.getDoubleValue("weight");
161. Double peopleNum = population/totalWeight * weight;
162. Double boyNum = population/totalWeight * weight * sexMap.get("男");
163. Double girlNum = population/totalWeight * weight * sexMap.get("女");
164. Double age0 = population/totalWeight * weight * ageMap.get("<10");
165. Double age1 = population/totalWeight * weight * ageMap.get("10—19");
166. Double age2 = population/totalWeight * weight * ageMap.get("20—29");
167. Double age3 = population/totalWeight * weight * ageMap.get("30—39");
168. Double age4 = population/totalWeight * weight * ageMap.get("40—49");
169. Double age5 = population/totalWeight * weight * ageMap.get("50—59");
170. Double age6 = population/totalWeight * weight * ageMap.get(">=60");
```

```
171.
172. //判断在哪个区域,依次插入
173. for (int areaIndex = 0; areaIndex < lbsAreaJsonArray.size(); areaIndex++) {
174. JSONObject areaJsonObj = lbsAreaJsonArray.getJSONObject(areaIndex);
175. String areaJson = areaJsonObj.getString("areaJson");
176.
177. if(StringUtils.isBlank(areaJson)||areaJson.length()<10)continue;
178. // 获得区域的经纬度点的数组
179. JSONArray areaPoints = JSON.parseArray(areaJson).getJSONArray(0);
180. Double[] lngs=new Double[areaPoints.size()];
181. Double[] lats=new Double[areaPoints.size()];
182. for (int j = 0; j < areaPoints.size(); j++) {
183. JSONArray areaPoint =  areaPoints.getJSONArray(j);
184. lngs[j]=areaPoint.getDoubleValue(0);
185. lats[j]=areaPoint.getDoubleValue(1);
186. }
187. // 判断是否处于区域内
188. boolean inPolygon = GeoUtil.isInPolygon(
189. point.getDoubleValue("lng"),
190. point.getDoubleValue("lat"),
191. lngs, lats
192.   );
193. // 如果处于区域内,就存储进数据库
194. if(inPolygon){
195. LbsTxPointData txPointData =new LbsTxPointData();
196. // 所属分洪区
197. txPointData.setFloodDiversionAreaId(floodDiversionAreaId);
198. // 年龄数量情况
199. txPointData.setAge0Num(age0);
200. txPointData.setAge1Num(age1);
201. txPointData.setAge2Num(age2);
202. txPointData.setAge3Num(age3);
203. txPointData.setAge4Num(age4);
204. txPointData.setAge5Num(age5);
205. txPointData.setAge6Num(age6);
```

```
206. // 性别情况
207. txPointData. setMaleNum(boyNum);
208. txPointData. setFemaleNum(girlNum);
209.
210. // 权重
211. txPointData. setWeight(weight);
212.
213. // 总人数
214. txPointData. setPersonNum(peopleNum);
215.
216. // 设置 lbs 区域 id
217. txPointData. setTxAreaId(tencentArea. getAreaid());
218. txPointData. setLbsLocationId(areaJsonObj. getString("id"));
219. // 设置点的经纬度
220. txPointData. setLng(point. getString("lng"));
221. txPointData. setLat(point. getString("lat"));
222. // 设置时间
223. txPointData. setMonTime(new Timestamp(monitorDate. getTime()));
224. txPointData. setCreateTime(new Timestamp(new Date(). getTime()));
225. saveList. add(txPointData);
226.    }
227.    }
228.    }
229. // 批量插入
230. if(saveList. size()>0){
231. lbsTxPointDataMapper. insertList(saveList);
232.    }
233.    }
234.    }
235.    }
```

5.5.3 人群分布分析

不同人群应对洪水灾害能力不同，通常情况下老幼妇孺在洪水灾害中应急避险能力显著低于青壮年。此外，不同路段拥堵状况以及沿线人口分布情况可能存在较大差异，为实时掌握受洪水威胁区域内人员聚集、疏散、受困、安置和返迁等情况，实现风险人群的精准识别、实时监控与全过程跟踪，有必要基于 LBS 获取与融合数据完成人口画像绘制，便于应急管理部门直观了解区域各年龄、性别人口分布情况；基于腾讯 LBS 服务提供数据进行人群热力图绘制，便于决策管理者直观获取区域人群分布聚集情况，辅助撤离路径制定和人群疏导，为人群的应急避险提供技术支持。

(1)人口画像绘制

基于腾讯 LBS 服务提供数据以本平台 App 端上报人口数据，对分洪区各年龄段人口数量、人口性别进行分析统计，根据统计结果绘制人口画像。该功能模块包含实时人口画像绘制以及历史人口画像绘制两大功能点，用户可对实时人口分布情况以及历史事件端人口分布情况进行查询统计，接口情况如下所示：

```
1. @ApiOperation("以地点和时间进行分组,按总和返回")
2. @PostMapping("/sumList")
3. public Result sumList(@RequestBody LbsTxPointDataDto record){
4. Result result=new Result();
5. result. setData(lbsTxPointDataService. sumList(record));
6. return result;
7. }
8.
9.
10. public Object sumList(LbsTxPointDataDto record) {
11. // 判断是否需要查询最新数据
12. if(record. getSelectLatest()! =null && record. getSelectLatest()){
13. String latestDate = lbsTxPointDataMapper. selectLatestTm();
14. record. setStartm(latestDate);
15. record. setEndtm(latestDate);
16. }
17. // 对查询时间进行格式化
18. Date startDate= DateUtil. parse(record. getStartm(),"yyyy-MM-dd HH:mm:
ss");
19. Date endDate= DateUtil. parse(record. getEndtm(),"yyyy-MM-dd HH:mm:
ss");
20. // 得到查询时间的范围长度
21. long l = endDate. getTime() - startDate. getTime();
22. Long step;
23. // 根据查询时间的范围长短,设置数据查询间隔
```

```
24. if(l<=1000 * 60 * 60 * 24){
25. step = 1000L * 60 * 60;
26. }else if(l<=1000 * 60 * 60 * 24 * 3){
27. step = 1000L * 60 * 60 * 4;
28. }else if(l<=1000 * 60 * 60 * 24 * 7){
29. step = 1000L * 60 * 60 * 12;
30. }else{
31. step = 1000L * 60 * 60 * 24;
32. }
33.
34. // 按照上述间隔,设置查询时间
35. List<Date> montmList =new ArrayList<>();
36. for(Date montm = startDate;montm. getTime()<=endDate. getTime();montm
= new Date(montm. getTime()+step)){
37. montmList. add(montm);
38. }
39. // 查询数据
40. List<Map<String,Object>> sumList = lbsTxPointDataMapper. sumList(re-
cord. getLbsLocationIdList(),montmList);
41. return sumList;
42. }
43.
44.
45. <mapper namespace="com. schinta. api. lbs. mapper. LbsTxPointDataMapper">
46. <select id="sumList" resultType="map">
47. SELECT DATE_FORMAT(mon_time,'%Y-%m-%d %H:%i:%s') mon-
Time,lbs_location_id lbsLocationId,sum(male_num) maleNum,sum(female_num) fe-
maleNum,sum(person_num) personNum,
48. sum(age0_num) age0Num,sum(age1_num) age1Num,sum(age2_num)
age2Num,sum(age3_num) age3Num,sum(age4_num) age4Num,sum(age5_num)
age5Num,sum(age6_num) age6Num
49. from lbs_tx_point_data
50. WHERE lbs_location_id in
51. <foreach item="item" collection="locationIdList" separator="," open=
"(" close=")" index="">
```

```
52. #{item}
53. </foreach>
54. and mon_time in
55. <foreach item="item" collection="montmList" separator="," open="(" close
=")" index="">
56. #{item}
57. </foreach>
58. GROUP BY mon_time,lbs_location_id
59. </select>
60. </mapper>
```

(2)人群密度热力图绘制

根据腾讯 LBS 服务提供数据以本平台 App 端上报人口数据,对各空间单元人口数量进行分析统计,得出各单元人口密度。基于分洪区空间地图以及村组行政区划范围,结合实际人口密度进行地图分级渲染,进而实时掌握受洪水威胁区域内人员聚集、疏散、受困、安置和返迁等情况,为实时展现并动态分析受洪水威胁的人口总数、时空分布及转移趋势提供技术支撑。该功能模块支持实时人群密度热力图绘制以及历史人群热力图绘制,接口及代码如下所示:

```
1. // 渲染地图
2. initMap()
3. {
4. this. showMap = false
5. return new Promise(resolve => {
6. setTimeout(() => {
7. this. showMap = true
8. setTimeout(() => {
9. // 基础地图图层
10. const bottomLayer = this. createWMTS({ layer: 'Jingjiang:Rectangle', visible:
true })
11. // 高清地图图层
12. const bottomLayer1 = this. createWMTS({ layer: 'Jingjiang:GongAn' })
13. // 构建地图对象
14. const map = new Map({
15. target:'map',
16. controls: [],
```

```
17. layers：[bottomLayer，bottomLayer1]，
18. view:new View({
19. projection:'EPSG:4326'，
20. center：[112.430026，29.913188]，
21. zoom：12，
22. minZoom：9
23. })
24. })
25. // 地图层级缩放
26. map.getView().on('change:resolution'，event => {
27. const zoom = map.getView().getZoom()
28. if (zoom >= 14) {
29. bottomLayer1.setVisible(true)
30. }else {
31. bottomLayer1.setVisible(false)
32. }
33. })
34. // 分洪区范围—接口获取
35. this.addFloodArea(map)
36. // 行政区划—接口获取
37. this.addVillageLayer(map)
38. // 安全区
39. this.addSafeLayer(map)
40. // 使用 vue 管理对象
41. this.mapInstance=map
42. resolve(map)
43. })
44. }，10)
45. })
46. }
47.
48. // 获取分洪区范围并绘制
49. addFloodArea(mapInstance)
50. {
51. const item = this.$store.state.floodAreaData
```

```
52. mapInstance. getView(). animate({
53. zoom: 12,
54duration: 500,
55. center: [item. lng, item. lat]
56. })
57. if (item. areaJson) {
58. item. color ='rgba(255,255,255,0.2)'
59. item. name =''
60. const floodAreaLayer = new VectorLayer({
61. source:new VectorSource({
62. features: []
63. }),
64. zIndex: 1
65. })
66. mapInstance. addLayer(floodAreaLayer)
67. mapInstance. set('floodAreaLayer', floodAreaLayer)
68. const feature = this. createArea(item)
69. floodAreaLayer. getSource(). addFeature(feature)
70. }
71. }
72.
73. // 获取村庄并绘制
74. addVillageLayer(mapInstance)
75. {
76. this. mhkAreaLayer = null
77. this. mhkAreaLayer = new VectorLayer({
78. source:new VectorSource({
79. features: []
80. }),
81. zIndex: 2
82. })
83. mapInstance. addLayer(this. mhkAreaLayer)
84. mapInstance. set('mhkAreaLayer', this. mhkAreaLayer)
85. postFormAction('/api/lbs/lbsLocationStart/list', {
86. floodDiversionAreaId:this. floodDiversionAreaId,
```

```
87. rows: 99999
88. }). then(res => {
89. res. data. list. forEach((item, index) => {
90. const colIndex = index % 12
91. const curColor = 'rgba(' + this. color[colIndex] + ',0. 2)'
92. const villageOption = {
93. id: item. id,
94. name: item. locationName,
95. peopleCount: item. householdPopulationNum,
96. lat: item. lat,
97. lng: item. lng,
98. areaJson: item. areaJson,
99. color: curColor
100. }
101. const feature = this. createArea(villageOption)
102. if (feature ! == null) {
103. this. mhkAreaLayer. getSource(). addFeature(feature)
104. }
105. })
106. })
107. }
108.
109. // 获取安全区并绘制
110. addSafeLayer(mapInstance)
111. {
112. this. mhkSafeAreaLayer = new VectorLayer({
113. source:new VectorSource({
114. features: []
115. }),
116. zIndex: 2
117. })
118. mapInstance. addLayer(this. mhkSafeAreaLayer)
119. mapInstance. set('mhkSafeAreaLayer', this. mhkSafeAreaLayer)
120. postFormAction('/api/lbs/lbsLocationEnd/list', {
121. floodDiversionAreaId:this. floodDiversionAreaId,
```

```
122. rows: 99999
123. }). then(res => {
124. res. data. list. forEach(item => {
125. if (item. type === '安全区') {
126. const safeOption = {
127. id: item. id,
128. name: item. locationName,
129. peopleCount: item. populationCapacity,
130. lat: item. lat,
131. lng: item. lng,
132. areaJson: item. areaJson,
133. color:'rgba(0,255,0,0. 5)'
134. }
135. const feature = this. createArea(safeOption)
136. if (feature ! == null) {
137. this. mhkSafeAreaLayer. getSource(). addFeature(feature)
138. }
139. }
140. })
141. })
142. }
143.
144. // 获取人群热力图数据
145. getHeatData(monTime)
146. {
147. postDataAction('/api/lbs/lbsTxPointData/list', {
148. floodDiversionAreaId:this. floodDiversionAreaId,
149. lbsLocationId:'',
150. selectLatest:false,
151. onlySelectStart:true,
152. monTime: monTime,
153. rows: 999999
154. }). then(res => {
155. const pointDataList = res. data. list
156. this. renderHeatData(pointDataList)
```

```
157. })
158. }
159.
160. // 设置热力图
161. renderHeatData(pointDataList)
162. {
163. let peopleCount = 0
164. const heatData = []
165. pointDataList. forEach(item => {
166. peopleCount += item. personNum
167. })
168. pointDataList. forEach(item => {
169. const point = {
170. coordinates: [item. lng, item. lat],
171. count: (item. personNum * 1000 / peopleCount). toFixed(5)
172. }
173. // 因为 openlayers 热力图 weight 为 0~1,太小无法展示,所以 *1000
174. heatData. push(point)
175. })
176. const option = {
177. heatData: heatData,
178. name:'heatmapLayer'
179. }
180. this. $refs. myMap. addHeatmapLayer(option, this. mapInstance)
181. }
```

5.5.4 基于虚拟电子围栏的预警管理

基于水动力学模型洪水推演结果，构建灾区电子围栏；通过互联网 API 接口实时定位位置以及虚拟电子围栏比对结果对用户与风险区空间相对关系进行判断；结合实时通信技术对风险区用户进行预警消息科学推送。

(1)安全区生成

基于水动力学模型进行洪水推演，对场次洪水来临时分洪区洪水淹没范围以及淹没时间进行预判；结合实地地面高程进行区域安全性评估，基于评估结果生成安全区空间地图并实时进行更新维护，为应急避险撤离提供科学指导。该功能模块接口情况以及代码如下所示：

```
1. // 根据淹没高程绘制安全区 list 为地形高程数据
2. drawByTurf(list)
3. {
4. // 如果已经按照洪水淹没线绘制过安全区，先清除之前的图层
5. if (this. floodLayer ! == null) {
6. this. mapInstance. removeLayer(this. floodLayer)
7. this. floodLayer = null
8. }
9. // 构建新的洪水淹没安全区图层对象
10. let vectorSource =new VectorSource()
11. this. floodLayer = new VectorLayer({
12. source: vectorSource,
13. opacity: 0. 7,
14. zIndex: 13
15. })
16. let pointArr = []
17. // 将地形数据转换为 turf 支持的格式
18. pointArr = list. map(item => {
19. return turf. point ([item. geometry. coordinates [0], item. geometry. coordinates
[1]], { value: item. properties. GRID_CODE })
20. })
21. // 将数据传入 turf
22. let collection = turf. featureCollection(pointArr)
23. // 使用 turf 绘制等值面，得到淹没线以上的数据，得到安全区
24. let isobands = turf. isobands(collection,this. floodBreaks, { zProperty: 'value' })
25.
26. function sortArea(a, b) {
27. return turf. area(b) - turf. area(a)
28. }
29.
30. isobands. features. sort(sortArea)
31. let newIsobands =this. transMultiPolygon(isobands)
32. // 将得到的安全区绘制到新的图层上
33. this. floodFeatures = new GeoJSON(). readFeatures(newIsobands, {
```

```
34. featureProjection:'EPSG:4326'
35. })
36. vectorSource. addFeatures(this. floodFeatures)
37. this. floodFeatures. forEach(item => {
38. const style = new olStyle. Style({
39. fill:new olStyle. Fill({
40. color:this. colors[0]
41. }),
42. text:new olStyle. Text({
43. text: item. values_. locationName,
44. fill:new olStyle. Fill({
45. color:'rgba(0,0,0,1)'
46. }),
47. font:'bold 14px serif'
48. })
49. })
50. item. setStyle(style)
51. })
52. // 将新的图层加入地图
53. this. mapInstance. addLayer(this. floodLayer)
54. this. mapInstance. set('floodLayer', this. floodLayer)
55. this. safeAreaClick()
56. }
```

(2)预警信息推送管理

预警信息推送管理模块通过将LBS定位、手机App端上报位置数据与安全区空间范围进行比对,对人员与安全区空间位置关系进行预判,并根据判断结果对预警信息进行精准推送。对于位于安全区范围外人员,系统通过移动端自动发送偏离安全区预警提醒,包括对本次洪水预计淹没范围、淹没时间、预警级别以及预警内容。通过预警信息推送实现应急避险科学撤离,显著降低洪水灾害对人民生命、财产安全带来的负面影响。该功能模块接口以及代码如下所示:

```
1. //  判断是否在安全区内,不在则需要报警
2. isInSafeArea(){
3. let flag =false;
4. for (let i=0;i<this. data. safeAreaPolygons. length;i++){
```

```
5. flag = utils. pointInPoly ( this. data. safeAreaPolygons [ i ], [ this. data. longitude, this. data. latitude])
6. if(flag){
7. break;
8. }
9. }
10. if(wx. getStorageSync('inSafeArea') ==true && ! flag){
11.
12. addDeviationNotice({
13. warningType:'偏离安全区',
14. toUser:app. globalData. userInfo. id
15. }). then(res => {
16. if(res. code=='200'){
17. this. getNoticeListByUserId();
18. $ wuxNotification(). show({
19. title:'偏离预警',
20. text:'您已偏离安全区',
21. duration: 30000,
22. })
23. }
24. })
25. }
26. wx. setStorageSync('inSafeArea',flag)
27. },
28.
29. // 判断点是否在多边形内
30. const pointInPoly= (polygonPoint,pointArr) =>{
31. let polygonPointArrs = polygonPoint. points;
32. for (var c = false, i = -1, l = polygonPointArrs. length, j = l - 1; ++i < l; j = i){
33. ((polygonPointArrs[i]['latitude'] <= pointArr[1] && pointArr[1] < polygonPointArrs[j]['latitude'])
34. || (polygonPointArrs[j]['latitude'] <= pointArr[1] && pointArr[1] < polygonPointArrs[i]['latitude']))
35. && (pointArr[0] < (polygonPointArrs[j]['longitude'] - polygonPointArrs[i]['
```

```
longitude']) * (pointArr[1] - polygonPointArrs[i]['latitude']) / (polygonPointArrs[j]['latitude'] - polygonPointArrs[i]['latitude']) + polygonPointArrs[i]['longitude'])
36. && (c = ! c);
37. }
38. return c;
39. }
```

5.5.5 应急避险预案管理

应急避险预案管理可对应急避险预案基本信息进行生成、维护与管理。主要包含该预案起点、途径点、终点经纬度、区域范围、所属乡镇、总人口等基本信息以及洪水安全区海面高程、人口密度等基本信息，为应急避险科学撤离提供合理路线。该功能模块接口情况以及代码如下所示：

```
1. @Api(value = "", description ="预案管理")
2. @RestController
3. @RequestMapping("/api/lbs/lbsPlan/")
4. public class LbsPlanController extends BaseController{
5.
6. @Autowired
7. private LbsPlanService lbsPlanService;
8.
9. @ApiOperation("条件查询列表")
10. @PostMapping("/list")
11. public Result list(LbsPlanDto record){
12. Result result=new Result();
13. List<LbsPlan> list= lbsPlanService.list(record);
14. result.setData(new  PageInfo<LbsPlan>(list));
15. return result;
16. }
17.
18. @GetMapping("/{id}")
19. @ApiOperation("根据 ID 查询")
20. public Result get(@PathVariable("id")  Object id) {
21. Result result=new Result();
22. result.setData(lbsPlanService.queryById(id));
23. return result;
```

```
24. }
25.
26. @ApiOperation("编辑(不传 id 则新增)")
27. @PostMapping("/save")
28. public Result save(@RequestBody LbsPlanDto lbsPlanDto) {
29. Result result=new Result();
30. LbsPlan lbsPlan = lbsPlanService. addEdit(lbsPlanDto);
31. result. setData(lbsPlan);
32. return result;
33. }
34.
35. @PostMapping("/del/{id}")
36. @ApiOperation("删除")
37. public Result del(@PathVariable("id")  Object id) {
38. Result result=new Result();
39. lbsPlanService. deleteByPrimaryKey(id);
40. return result;
41. }
42.
43. @GetMapping("/defaultPlanRoute")
44. @ApiOperation("自动生成方案")
45. public Result defaultPlanRoute(String planId) {
46. Result result=new Result();
47. result. setData(lbsPlanService. defaultPlanRoute(planId));
48. return result;
49. }
50.
51. @ApiImplicitParams({
52. @ApiImplicitParam(name="second",value="距离模拟开始多少秒,不传默认 0",
paramType = "query"),
53. })
54. @GetMapping("/planRoutePrediction")
55. @ApiOperation("方案模拟推演预测")
56. public Result planRoutePrediction(String planId,Integer second) {
57. Result result = new Result ( lbsPlanService. planRoutePrediction ( planId, sec-
```

```
ond));
    58. return result;
    59. }
    60.
    61. @ApiImplicitParams({
    62. })
    63. @GetMapping("/getPlanMaxTime")
    64. @ApiOperation("方案最大时间预测")
    65. public Result planRoutePrediction() {
    66. Result result =new Result();
    67. result. setData(lbsPlanService. getPlanMaxTime());
    68. return result;
    69. }
    70. }
    71.
    72. @Data
    73. @Table(name = "lbs_plan")
    74. public class LbsPlan implements Serializable{
    75.
    76. private static final long serialVersionUID = 1L;
    77.
    78. @JsonFormat(pattern="yyyy-MM-dd HH:mm:ss", timezone="GMT+8")
    79. @ApiModelProperty(value="")
    80. @Column(name = "create_time")
    81. private Timestamp createTime;
    82.
    83. @Id
    84. @ApiModelProperty(value="id")
    85. @Column(name = "id")
    86. private String id;
    87.
    88. @ApiModelProperty(value="预案名称")
    89. @Column(name = "name")
    90. private String name;
    91.
```

```
92. @ApiModelProperty(value="0 未完成,1 已完成")
93. @Column(name = "status")
94. private Integer status;
95.
96. @ApiModelProperty(value="是否是模拟终点? 1 是,0 不是")
97. @Column(name = "simulation")
98. private Integer simulation;
99.
100. @ApiModelProperty(value="模拟 id")
101. @Column(name = "simulation_id")
102. private String simulationId;
103.
104. @ApiModelProperty(value="备注")
105. @Column(name = "remark")
106. private String remark;
107.
108. @ApiModelProperty(value="分洪区 id")
109. @Column(name = "flood_diversion_area_id")
110. private String floodDiversionAreaId;
111.
112. }
113.
114. @Data
115. @Table(name = "lbs_location")
116. public class LbsLocationStart implements Serializable{
117.
118. private static final long serialVersionUID = 1L;
119.
120. @Transient
121. @ApiModelProperty(value="")
122. @Column(name = "create_time")
123. private Date createTime;
124.
125. @ApiModelProperty(value="分洪区 id")
126. @Column(name = "flood_diversion_area_id")
```

```
127. private String floodDiversionAreaId;
128.
129. @ApiModelProperty(value="户籍人口")
130. @Column(name = "household_population_num")
131. private Integer householdPopulationNum;
132.
133. @Id
134. @ApiModelProperty(value="id")
135. @Column(name = "id")
136. private String id;
137.
138. @ApiModelProperty(value="地址 id")
139. @Column(name = "address_id")
140. private String addressId;
141.
142. @ApiModelProperty(value="纬度")
143. @Column(name = "lat")
144. private String lat;
145.
146. @ApiModelProperty(value="经度")
147. @Column(name = "lng")
148. private String lng;
149.
150. @ApiModelProperty(value="火星纬度")
151. @Column(name = "lat_hx")
152. private String latHx;
153.
154. @ApiModelProperty(value="火星经度")
155. @Column(name = "lng_hx")
156. private String lngHx;
157.
158. @ApiModelProperty(value="地址名称")
159. @Column(name = "location_name")
160. private String locationName;
161.
```

```
162. @ApiModelProperty(value="乡镇")
163. @Column(name = "township")
164. private String township;
165.
166. @ApiModelProperty(value="流动人口")
167. @Column(name = "transient_population")
168. private Integer transientPopulation;
169.
170. @ApiModelProperty(value="原始数据类型")
171. @Column(name = "type")
172. private String type;
173.
174. @ApiModelProperty(value="系统数据类型")
175. @Column(name = "lbs_type")
176. private String lbsType;
177.
178. @ApiModelProperty(value="json")
179. @Column(name = "area_json")
180. private String areaJson;
181.
182. @ApiModelProperty(value="json 火星坐标系")
183. @Column(name = "area_json_gcj02")
184. private String areaJsonGcj02;
185.
186. }
187.
188. @Data
189. @Table(name = "lbs_location")
190. public class LbsLocationVia implements Serializable{
191.
192. private static final long serialVersionUID = 1L;
193.
194. @Transient
195. @ApiModelProperty(value="")
196. @Column(name = "create_time")
```

```
197. private Date createTime;
198.
199. @Id
200. @ApiModelProperty(value="id")
201. @Column(name = "id")
202. private String id;
203.
204. @ApiModelProperty(value="纬度")
205. @Column(name = "lat")
206. private String lat;
207.
208. @ApiModelProperty(value="经度")
209. @Column(name = "lng")
210. private String lng;
211.
212. @ApiModelProperty(value="火星纬度")
213. @Column(name = "lat_hx")
214. private String latHx;
215.
216. @ApiModelProperty(value="火星经度")
217. @Column(name = "lng_hx")
218. private String lngHx;
219.
220. @ApiModelProperty(value="途径点名称")
221. @Column(name = "location_name")
222. private String locationName;
223.
224. @ApiModelProperty(value="原始数据类型")
225. @Column(name = "type")
226. private String type;
227.
228. @ApiModelProperty(value="系统数据类型")
229. @Column(name = "lbs_type")
230. private String lbsType;
231.
```

```
232. @ApiModelProperty(value="分洪区 id")
233. @Column(name = "flood_diversion_area_id")
234. private String floodDiversionAreaId;
235.
236. @ApiModelProperty(value="json")
237. @Column(name = "area_json")
238. private String areaJson;
239. }
240.
241. @Data
242. @Table(name = "lbs_location")
243. public class LbsLocationEnd implements Serializable{
244.
245. private static final long serialVersionUID = 1L;
246.
247. @Transient
248. @ApiModelProperty(value="")
249. @Column(name = "create_time")
250. private Date createTime;
251.
252. @ApiModelProperty(value="分洪区 id")
253. @Column(name = "flood_diversion_area_id")
254. private String floodDiversionAreaId;
255.
256. @Id
257. @ApiModelProperty(value="id")
258. @Column(name = "id")
259. private String id;
260.
261. @ApiModelProperty(value="纬度")
262. @Column(name = "lat")
263. private String lat;
264.
265. @ApiModelProperty(value="经度")
266. @Column(name = "lng")
```

```
267. private String lng;
268.
269. @ApiModelProperty(value="火星纬度")
270. @Column(name = "lat_hx")
271. private String latHx;
272.
273. @ApiModelProperty(value="火星经度")
274. @Column(name = "lng_hx")
275. private String lngHx;
276.
277. @ApiModelProperty(value="名字")
278. @Column(name = "location_name")
279. private String locationName;
280.
281. @ApiModelProperty(value="人口容量")
282. @Column(name = "population_capacity")
283. private Integer populationCapacity;
284.
285. @ApiModelProperty(value="已有人口")
286. @Column(name = "population_existing")
287. private Integer populationExisting;
288.
289. @ApiModelProperty(value="城镇")
290. @Column(name = "township")
291. private String township;
292.
293.
294. @ApiModelProperty(value="原始数据类型")
295. @Column(name = "type")
296. private String type;
297.
298. @ApiModelProperty(value="系统数据类型")
299. @Column(name = "lbs_type")
300. private String lbsType;
301.
```

```
302. @ApiModelProperty(value="json")
303. @Column(name = "area_json")
304. private String areaJson;
305.
306. @ApiModelProperty(value="json 火星坐标系")
307. @Column(name = "area_json_gcj02")
308. private String areaJsonGcj02;
309.
310. @ApiModelProperty(value="是否是模拟终点 1 是 0 不是")
311. @Column(name = "simulation")
312. private Integer simulation;
313.
314. @ApiModelProperty(value="模拟 id")
315. @Column(name = "simulation_id")
316. private String simulationId;
317.
318. }
```

5.5.6 转移监控

为明确当前起点以及终点情景下人口迁移进展以及安全区域剩余容量情况，并基于网络流的洪灾避险转移路线优化模型对转移路径进行实时优化动态调整，有必要对当前转移进展情况进行监控。转移监控包含人口转移路径生成以及转移推演两大业务流程。

(1)人口转移路径生成

人口转移路径以容量限制路径规划(Capacity Constrained Routing Planning，CCRP)模型为基础，根据动态辨识道路拥堵与受淹情况及安置区(或安全区、安全台)位置与容量，确定最适宜当前的人口转移路径，进而实现转移方案与路径的动态调整，提升人口转移效率。该功能模块接口情况以及代码如下所示：

```
1. @Transactional
2. public List<LbsPlanRoute> defaultPlanRoute(String planId) {
3. LbsPlan lbsPlan = lbsPlanMapper.selectByPrimaryKey(planId);
4. //拿到所有起点
5. LbsLocationStart startSearch =new LbsLocationStart();
6. startSearch.setLbsType("起点");
7. startSearch.setFloodDiversionAreaId(lbsPlan.getFloodDiversionAreaId());
```

```
8. List < LbsLocationStart >  startList  =  lbsLocationStartMapper. select ( start-
Search);
9. //拿到所有终点
10. LbsLocationEnd endSearch =new LbsLocationEnd();
11. endSearch. setFloodDiversionAreaId(lbsPlan. getFloodDiversionAreaId());
12. endSearch. setLbsType("终点");
13. if(StringUtils. isBlank(lbsPlan. getSimulationId())){
14. endSearch. setSimulation(0);
15. }else{
16. endSearch. setSimulationId(lbsPlan. getSimulationId());
17. }
18. List<LbsLocationEnd> endList = lbsLocationEndMapper. select(endSearch);
19.
20. //拿到所有点
21. LbsLocationVia locationSearch =new LbsLocationVia();
22. locationSearch. setFloodDiversionAreaId(lbsPlan. getFloodDiversionAreaId());
23. List<LbsLocationVia> lbsLocationVias = lbsLocationViaMapper. select(loca-
tionSearch);
24.
25. //起点总人数
26. int startTotalNum = 0;
27. for (LbsLocationStart start : startList) {
28. startTotalNum+=start. getHouseholdPopulationNum();
29. }
30. System. out. println("起点总人数:"+startTotalNum);
31. //终点总容纳量
32. int endTotalNum = 0;
33. for (LbsLocationEnd end : endList) {
34. end. setPopulationExisting(0);//计算时用
35. endTotalNum+=end. getPopulationCapacity();
36. }
37. System. out. println("终点总容纳量:"+endTotalNum);
38. if(startTotalNum>endTotalNum){
39. throw new BaseException("各村总人口大于各目的地总容纳量,不能进行方案决
策");
```

```
40. }
41.
42. //开始计算路线
43. ArrayList<LbsPlanRoute> resultList =new ArrayList<>();
44.
45. for (LbsLocationStart start : startList) {
46. int needMoveNum = start.getHouseholdPopulationNum();
47. //只要转移人数小于人口就往下查询
48. while (needMoveNum>0){
49. Double distance =9999999.9;
50. LbsLocationEnd nearestEnd =new LbsLocationEnd();
51. //找到离得最近的并且还有可以转移空间的
52. for (LbsLocationEnd end : endList) {
53. if(end.getPopulationExisting()>=end.getPopulationCapacity())continue;
54. //如果不是安全区或者没有安全区范围,就看到点的距离
55. if ( ObjectUtil.notEqual ( end.getType ( )," 安 全 区") | | StringUtils.isBlank
(end.getAreaJson())){
56. Double thisDistance = GeoUtil.towPointDistance(
57. new Double(start.getLng()),
58. new Double(start.getLat()),
59. new Double(end.getLng()),
60. new Double(end.getLat())
61.    );
62. if(thisDistance<distance){
63. distance = thisDistance;
64.    nearestEnd = end;
65.    }
66.    }else {
67. // 如果是安全区,那么看安全区最近的点
68. JSONArray pointArray = JSON.parseArray(end.getAreaJson()).getJSONArray
(0);
69. // 循环所有,判断是否有更近的点
70. for (int i = 0; i < pointArray.size(); i++) {
71. JSONArray point = pointArray.getJSONArray(i);
72. Double  thisDistance  =  GeoUtil.towPointDistance ( point.getDouble ( 0 ),
```

```
point. getDouble(1), new Double(start. getLng()), new Double(start. getLat()));
73. if(distance == null || thisDistance < distance){
74. distance = thisDistance;
75. nearestEnd = end;
76.    }
77.    }
78.    }
79.    }
80.
81. int endRemainNum=nearestEnd. getPopulationCapacity()-nearestEnd. getPopulation-Existing();//终点还可以容纳的人数
82. int moveNum = 0;
83. if(needMoveNum>=endRemainNum){
84. moveNum = endRemainNum;
85.    }else {
86.    moveNum = needMoveNum;
87.    }
88. needMoveNum-=moveNum;//待转移减少
89. nearestEnd. setPopulationExisting(nearestEnd. getPopulationExisting() + moveNum);//终点人数增加
90.
91. LbsPlanRoute route =new LbsPlanRoute();
92. // 设置路线的具体信息
93. route. setId(UUID. randomUUID(). toString(). replaceAll("-",""));
94. route. setStartId(start. getId());
95. route. setPlanId(planId);
96. route. setStartName(start. getLocationName());
97. route. setTownship(start. getTownship());
98. route. setEndId(nearestEnd. getId());
99. route. setEndName(nearestEnd. getLocationName());
100. route. setPopulationCapacity(nearestEnd. getPopulationCapacity());
101. route. setViaIdArray("[]");
102. route. setTransferNum(moveNum);
103.
104. lbsPlanRouteService. setBaiduRoute(route,lbsLocationVias);
```

```
105. // 存入数据库
106. lbsPlanRouteMapper. insertSelective(route);
107. resultList. add(route);
108. }
109.    }
110. // 将预案设置为已完成
111. lbsPlan. setStatus(1);
112. lbsPlanMapper. updateByPrimaryKeySelective(lbsPlan);
113. return resultList;
114.    }
115.
116. public LbsPlanRoute setBaiduRoute(LbsPlanRoute lbsPlanRoute,List<LbsLoca-
tionVia> allViaList){
117. try {
118. if(allViaList == null){
119.    allViaList = lbsLocationViaMapper. selectAll();
120.    }
121.
122. LbsLocationVia start =null;
123. LbsLocationVia end =null;
124. List<LbsLocationVia> viaList=new ArrayList<>();
125. // 查询所有的途径点
126. List<String> viaIdList = JSON. parseArray(lbsPlanRoute. getViaIdArray(),
String. class);
127. for (LbsLocationVia via : allViaList) {
128. if(Objects. equals(lbsPlanRoute. getStartId(),via. getId())){
129. start = via;
130.    }
131. if(Objects. equals(lbsPlanRoute. getEndId(),via. getId())){
132. end = via;
133.    }
134. if(viaIdList. indexOf(via. getId())>=0){
135. viaList. add(via);
136.    }
137.    }
```

```
138. if(start==null||end==null){
139. throw new BaseException("为预案路线进行百度导航时,未查询到起点或终点");
140.   }
141. // 设置起点坐标
142. double[] baiduStart = GpsCoordinateUtils.calWGS84toBD09(new Double
(start.getLat()), new Double(start.getLng()));
143. String startString = baiduStart[0]+","+baiduStart[1];
144. // 设置终点坐标
145. double[] baiduEnd = GpsCoordinateUtils.calWGS84toBD09(new Double
(end.getLat()), new Double(end.getLng()));
146.
147. //如果终点是安全区,则导航终点设置为离起点最近的边上的点
148. if(StringUtils.isNotBlank(end.getAreaJson())){
149. JSONArray pointArray = JSON.parseArray(end.getAreaJson()).getJSONAr-
ray(0);
150. // 循环找到最近的点
151. Double distance =null;
152. JSONArray nearestPoint =null;
153. for (int i = 0; i < pointArray.size(); i++) {
154. JSONArray point = pointArray.getJSONArray(i);
155. Double thisDistance = GeoUtil.towPointDistance(point.getDouble(0),
point.getDouble(1), new Double(start.getLng()), new Double(start.getLat()));
156. if(distance == null || thisDistance < distance){
157. distance = thisDistance;
158. nearestPoint = point;
159.   }
160.   }
161. baiduEnd = GpsCoordinateUtils.calWGS84toBD09(nearestPoint.getDouble(1),
nearestPoint.getDouble(0));
162.   }
163.
164.
165.
166.   String endString = baiduEnd[0]+","+baiduEnd[1];
167. // 设置途径点
```

```
168. String visString =null;
169. if(viaList. size()>0){
170. visString ="";
171. for (LbsLocationVia via : viaList) {
172. double[] baiduVia = GpsCoordinateUtils. calWGS84toBD09 (new Double (via. getLat()), new Double(via. getLng()));
173. visString=visString + baiduVia[0]+","+baiduVia[1]+"|";
174.   }
175.
176. if(visString. endsWith("|")){
177. visString=visString. substring(0,visString. length()-1);
178.   }
179.
180.   }
181. // 获取路线规划
182. JSONObject routeResult = lbsBaiduService. getRoute (startString, endString, visString);
183. JSONObject route = routeResult. getJSONObject ("result"). getJSONArray ("routes"). getJSONObject(0);
184. // 路线距离
185. lbsPlanRoute. setDistance(route. getInteger("distance"));
186. // 路线耗时
187. lbsPlanRoute. setDuration(route. getInteger("duration"));
188. lbsPlanRoute. setBaiduDetail(route. toJSONString());
189.
190.   }catch (Exception e){
191. e. printStackTrace();
192. lbsPlanRoute. setDistance(0);
193. lbsPlanRoute. setDuration(0);
194.   }
195. return lbsPlanRoute;
196.   }
```

(2)转移推演

当转移起点、终点以及转移路径确认后，系统可根据当前转移起点需转移人数、待转移人数、安置区剩余容量以及当前道路拥堵状况，对剩余转移时间进行预估，并对当前计算结果进行迭代更新，进而对转移过程进行动态推演。决策者可根据当前转移剩余时间以及洪峰到达时间对该转移方案转移效率与及时性进行判断。该功能模块接口情况以及代码如下所示：

```
1. @ApiImplicitParams({
2. @ApiImplicitParam(name="second",value="距离模拟开始多少秒,不传默认 0",
paramType = "query"),
3.  })
4. @GetMapping("/planRoutePrediction")
5. @ApiOperation("方案模拟推演预测")
6. public Result planRoutePrediction(String planId,Integer second) {
7. Result result =new Result(lbsPlanService. planRoutePrediction(planId, second));
8. return result;
9.  }
10.
11. public Map<String,Map<String,Integer>> planRoutePrediction(String planId,
Integer second) {
12. // 如果没有设置时间,就默认为第 0 秒
13. if(second==null){
14. second =0;
15.  }
16. // 起点人数数据集
17. Map<String,Integer> startNumMap =new HashMap<>();
18. // 终点人数数据集
19. Map<String,Integer> endNumMap =new HashMap<>();
20. LbsPlanRoute routeSearch =new LbsPlanRoute();
21. routeSearch. setPlanId(planId);
22. // 查询预案的路线信息
23. List<LbsPlanRoute> routeList = lbsPlanRouteMapper. select(routeSearch);
24. //初始化所有数据
25. for (LbsPlanRoute route : routeList) {
26. //先找到所有需要设置的数据
27. if(startNumMap. get(route. getStartId())==null){
28. startNumMap. put(route. getStartId(),0);
29.  }
```

```
30. if(endNumMap. get(route. getEndId())==null){
31.     endNumMap. put(route. getEndId(),0);
32.     }
33. //设置起点总人数
34. startNumMap. put(route. getStartId(),startNumMap. get(route. getStartId())+
route. getTransferNum());
35.     }
36.
37. //根据时间计算转移人数
38. for (LbsPlanRoute route : routeList) {
39. // 根据时间和系数获得推演值
40. Integer transferNum = route. getTransferNum() * second/(route. getDuration()
* 9);
41. if(transferNum > route. getTransferNum()){
42. transferNum = route. getTransferNum();
43.     }
44. // 更新起点和终点目前的人数
45.     startNumMap. put(route. getStartId(),startNumMap. get(route. getStartId())
-transferNum);
46. endNumMap. put(route. getEndId(),endNumMap. get(route. getEndId())+trans-
ferNum);
47.     }
48.     Map<String,Map<String,Integer>> result =new HashMap<>();
49.     result. put("startNumMap",startNumMap);
50.     result. put("endNumMap",endNumMap);
51. return result;
52.     }
```

5.6 防洪应急避险平台基础保障方案

防洪应急工作关系人民群众生命、财产安全，是衡量社会经济发展的一个重要指标。防洪应急避险平台的建立可显著提高防洪应急管理部门处理应对洪水和水利工程出险等突发性灾害能力，为人民群众撤离避险提供科学指导。但是平台使用效果与网络通信状况、相关人员对平台熟悉程度以及平台设计落地性息息相关，因此有必要完善网络通信建设、形成空—地一体化网络服务体系；加强防洪避险仿真模拟演练，提升人员操作熟悉性并根据用户反馈意见对平台进行优化改造，为平台正常使用提供基础保障。

(1)建立空—地一体化网络服务体系

洪水风险区为洪水灾害重点关注区域，网络通畅是应急避险平台正常使用的基础，因此亟须建立空—地一体化网络服务体系，实现网络信号全范围、不间断覆盖。一方面，在洪水威胁区，加密布设地面基站，提高地面网络通信的覆盖范围与信号强度，确保在洪水灾害到来前防洪应急部门以及社会群众可正常使用应急避险平台；另一方面，受暴雨、狂风影响，通信在分洪期部分通信站点可能受淹导致网络瘫痪现象，因此相关管理部门应根据分洪区面积、人口密度合理组织飞机/无人机进行航飞，在飞行过程中不断发射 WIFI 信号，形成空间网络网，确保在地面网络瘫痪情况下应急避险平台仍能正常投入使用。

(2)加强仿真模拟演练

防洪应急演练是指政府防汛部门组织相关单位及人员，依据有防汛应急预案，模拟应对突发洪涝灾害和水利工程抢险的活动。通过仿真模拟演练，可加强防洪应急部门以及人民群众对平台熟悉程度并及时发现当前平台在人群画像绘制、应急避险转移路径制定以及界面美观性、操作交互友好性以及系统稳健性等方面的不足，并根据暴露的问题有针对性地进行修改完善，进一步提高有关政府部门以及群众应对洪水灾害的综合应急能力，为后续防汛应急工作开展提供参考和依据，实现防汛应急整体应急能力的提高。

在防汛应急避险演练前，应做好相关准备工作。准备工作主要包含演练组织机构明确、演练计划制定以及演练方案制定。其中，演练机构需要明确防汛应急避险演练的主持单位、参与单位以及参与演练群众范围。在制订演练计划时应根据本次演练目的与要求，进一步确定演练形式、演练流程。演练方案应确定应急避险演练的时间和地点、各演练流程进行演练内容。

在防汛应急避险过程中，应及时做好演练过程记录，包括各级人员在防汛演练过程中的表现以及平台 Web 端、App 端使用过程中出现的问题。其中，人员在防汛演练中的表现主要包含各分洪区人口应急避险转移有序性、转移速率以及人口转移数量。对于平台，主要包含监测绘制人群画像与实际人口情况的一致性、电子围栏区域内人群预警信息推送及时性与准确性、系统规划转移路径合理性以及系统在防汛应急避险过程中网络通畅性与稳健性。

根据《国务院突发事件应急演练指南》，所有应急演练活动都应进行演练评估，因此在防汛应急演练完成后，应参照相关应急避险评估规范，对各级人员应急避险表现以及平台使用情况进行评估。其中，人员应急避险表现主要包含应急避险前准备工作的充分性、应急避险转移过程中的高效性、有序性以及相关人员使用 Web 系统、App 小程序的熟练性。平台使用情况主要包括平台运行稳健性、界面美观性、交互友好性以及目前各功能点对于防洪应急避险业务功能覆盖全面性。

进一步，根据防汛应急演练评估结果，提升相关人员在洪水灾害中转移避险能力，并对平台进行优化、升级与改造，实现平台的落地应用，从而推动防洪应急避险体系深化建设。

第6章　基于人群属性的应急避险智慧解决方案及应用

6.1　应急避险智慧解决方案概述

6.1.1　方案的必要性分析

应急避险是应对极端洪水的重要非工程措施。在经常遭受洪水威胁的区域，如蓄滞洪区，一般制定有应急预案。转移安置工作一般通过各种传统方式如电话、持续鸣锣或高音喇叭广播，通知和安排人员撤离避险，存在通知效率低、应急响应慢、安置转移低效等问题，特别是在新的形势下，人员流动大，发生超标准洪水时，难以快速掌握危险区内人群分布，难以有效地及时通知并实时跟踪需转移的居民，对以往基于户籍的人员转移方式提出了新的挑战。对于没有超标准洪水应急预案的区域，如防洪保护区，当遭受洪水威胁的时候，因无预先制定的调度方案和应急措施，无法及时采取相应措施有效转移人员和财产，如何快速分析洪水淹没范围、确定受影响人群并高效进行避险安置是无预案地区防洪应急避险需要重点解决的问题。因此，如何结合日益发展的信息技术，提出基于实时人群分布情况和效果反馈驱动的综合应急避险智慧解决方案，值得深入研究。

综上，当前避洪手段存在三大“卡脖子”技术问题：一是防洪风险动态预判存在薄弱环节，基于假定情景的传统防洪预案对变化环境导致的水情、工情及灾情不确定性问题适应性不足，无法满足应急避险的实时动态风险预判与快速响应反馈要求；二是风险人群识别与通知响应短板突出，新形势下避险人群信息难以实时有效获取与全过程动态跟踪，受灾人群的精准性、避险预警的时效性难以保证；三是受灾人群高效安置能力亟须提升，海量的人员流动、交通转移、接收安置等源汇动态信息给转移安置方案的多目标协调工作带来极大挑战。

6.1.2　方案的可行性论证

目前，我国位置服务（LBS）行业已经进入高速发展期，仅腾讯日均定位数据体量逾

20TB。互联网与通信大数据已在政务、民生、医疗、消费、交通等诸多领域得到广泛应用，如腾讯通过LBS大数据应用平台服务了地震应急救灾指挥、青岛上海合作组织成员国元首理事会、香港回归祖国20周年庆典勤务、兰州国际马拉松赛等大型活动，可为基于人群属性驱动的超标准洪水应急避险智慧解决方案提供数据和技术支持。如受洪水威胁区域内的人群热力图、人流趋势分析、人流画像等人群属性，可通过互联网及通信运营商分析获得，帮助实时撤离路径制定和人群疏导，为人群的应急避险提供技术支持。基于位置服务的人群属性及电子围栏等分析技术和应用场景，具备应用于超标准洪水人群预警与疏散的可能性，可提高转移安置效率，将是创新超标准洪水综合应急措施的重大科技应用。

6.1.3 方案的关键技术

为解决上述技术难题，“基于人群属性的应急避险智慧解决方案”紧紧围绕洪水风险算得准、算得快，风险人群找得到、可追踪、转移快、安置好的目标，通过引入互联网和手机通信位置服务（简称LBS）大数据等技术，建设防洪应急避险系统，对风险人群精准识别、快速预警、及时响应与实时跟踪，对安置容量动态辨识、转移路径实时优化，实现了应急避险转移安置精准到人、转移效果全过程评估、避险要素智慧管理，相比传统上基于户籍的人员转移方式，人群避险预警响应的精准性、转移安置的时效性均大幅提高，最大限度地保障超标准洪水条件下广大人民群众的生命安全。

本方案包含了三大关键技术，其原理、特点分述如下：

（1）适应不同分/漫/溃情景的水动力学模型快速构建与洪水风险动态评估技术

将传统一维、二维水动力学模型简化，在水文、地形资料收集的基础上，设计了一种基于GIS+DEM的水位—面积（容积）实时动态填注计算方法，实现遇稀遇洪水和各种可能工况组合导致的不同分洪、溃口、漫溢位置及规模情景下，洪水前锋到达时间、最大淹没范围、最大淹没水深、洪水淹没历时等风险信息的快速推演，在此基础上划分风险区等级，为确定洪水风险区内避险转移批次及各批次转移准备及实施时间提供技术支撑。

（2）风险人群精准识别、快速预警与实时跟踪技术

将传统户籍人员识别方法、互联网和通信运营商定位大数据组成多源数据并融合利用，获取风险人群的位置信息。基于人群画像技术动态绘制涉灾区域人群特征图谱，基于GIS可视化人群状态图谱，实时掌握受洪水威胁区域内人员聚集、疏散、受困情况，动态分析风险人群总数、时空分布及转移趋势。通过无人机、电子围栏和实时通信等技术，有针对地对已在和即将进入高风险区的人员发出警示提醒，提醒和引导人群进行疏散。将避险过程分为灾前转移准备、转移实施和灾中救生三个阶段，将防洪应急转移预警实时信息、撤离时间、目标位置、最优避险转移路径或安置方案、实时交通路况等信息以地图和动态信息的形式，分

门别类地通过短信、微信、App 或者系统内部消息等方式，推送和发布至风险人群、救援方、组织管理者及决策人员的移动终端上，实时引导风险人群转移和现场救生。通过循环监测的方式，对人口安全转移的进展进行反馈与跟踪，直至人群完全安全撤离。

(3)安置容量的动态辨识与避险转移路径的实时优化技术

结合洪水淹没图、交通地图、实时区域热力图、应急避险预案，基于智能优化算法和 ArcGIS，在传统避险方案的基础上，研发综合考虑避洪人群、转移道路等级与安全性、转移路线耗时、就近转移、安置点容量等约束因素及转移交通工具、目的地、路径等流向信息动态变化的避洪转移方案优化模型，动态辨识道路拥堵与受淹情况及安置区(或安全区)的位置与容量，实时优化转移路径和安置方案，实现"快速转移、妥善安置、确保安全"。

6.1.4 方案的创新点和智慧点

方案的创新点和智慧点主要体现在 4 个方面：一是基于人群属性动态反馈驱动的应急避险业务平台，实现了应急避险全过程、全要素的实时精准调度与智慧管理，是对现有后工程时期防洪调度的"补短板"工作，填补了我国极端洪水综合应急避险技术的空白，有利于推进我国应急避险能力现代化；二是实现了应急避险方案智能生成，破解了来水不确定性、分洪、溃口、漫溢位置及规模不确定性带来的避洪转移范围确定难题；三是创新了洪水风险人群识别预警跟踪方案流程，通过引入互联网和手机通信定位大数据，突破了传统上基于户籍的人员转移方式瓶颈，做到了避险转移精准到人，大幅提高了人群转移通知的精准性和时效性，实现了新形势下受灾人群的实时监控、全过程跟踪与转移效果评估，切实提高了应急避险效率；四是研发了基于安置容量动态辨识与避险转移路径实时优化的技术，攻克了转移过程中交通堵塞、安置不合理等难题。

6.1.5 方案的实施主体、服务对象及适用场景

该方案的实施主体为水利部和应急管理部，服务对象包括各流域、各省市防汛、应急业务部门和社会公众。

本方案的适用场景广泛，是信息技术与水利技术成功融合的典型示范，不存在地域针对性，可推广运用到各流域，服务于受洪水威胁的防洪保护区、蓄滞洪区、洲滩民垸(滩区)、山洪防治区、病险水库及堰塞湖下游影响河段等的风险人群应急避险精细化调度，有利于提出基于实时反馈驱动的应急避险智慧解决方案。受区域大小、道路交通及避险安置区域等差异，推广应用中需开展一定的定制化服务工作。

同时，本方案还可继续向城市涝区进一步推广应用，提供基于 LBS 的洪涝灾害实时风险评估惠民技术；亦可为其他突发事件如地震、台风、海啸等自然灾害情况下人群应急响应

提供行动指南。

6.1.6　方案的预期成效

该方案应用范围不限，运维和定制开发成本偏低，适于推广应用。有利于推进应急避险能力现代化，为应急指挥工作中的指挥决策者、各有关部门以及具体行动人员提供基于人群属性动态反馈驱动的指挥调度服务，为精准解决有效应急避险问题提供强有力的技术支撑，提升对超标准洪水应急避险的组织管理和实施能力，更有效地减轻超标准洪水灾害造成的人员伤亡、财产损失，产生巨大的社会效益和经济效益，具有重大的科学技术意义和工程应用推广价值。

6.2　应急避险智慧解决方案的应用情况

基于人群属性的应急避险智慧解决方案实现了极端洪水条件下风险人群的精准识别、快速响应与实时跟踪，安置容量的动态辨识、避险转移路径的实时优化和转移效果的动态评估，突破了传统避险转移的瓶颈，是对现有后工程时期防洪智慧调度的补短板工作，并成功应用于白格堰塞湖应急避险以及荆江分洪区示范模拟，为推进我国应急避险能力现代化做出了贡献。

该方案依靠超标准洪水应急避险系统和腾讯位置大数据平台为支撑，具备风险人群的精准识别、快速预警、及时响应与实时跟踪，安置容量的动态辨识、避险转移路径的实时优化、应急避险转移效果评估等技术手段，实现应急避险全过程、全要素的智慧管理。

6.2.1　白格堰塞湖应急避险应用情况

该方案已成功应用于2018年金沙江白格堰塞湖应急避险人群分析，准确判断出受溃堰洪水威胁的金河村人群总数及时空分布。创新性采用基于位置服务信息技术的人群热力图，首次在2018年白格堰塞湖应急处置中直观快速地获取了堰塞湖溃决洪水影响区域的人口特征及动态分布信息，为堰塞湖风险评估和人群应急转移提供了有力的信息支撑。

(1)堰塞湖溃决洪水演算

长江委副总工程师黄艳组织水利规划院和空间公司等多名技术人员迅速收集堰塞体上、下游影响范围内1∶5万地形数据量，计算库区水位—容积曲线，构建了白格—梨园溃坝模型及洪水演进模型，分析了不同蓄水量、溃口方式下共计32种计算方案。在此基础上，结合形势发展和引流槽方案制定需要，重点研究了自然漫溢、引流槽开挖等典型方案，开展了上游洪水淹没和下游洪水演进分析计算，为引流槽过流后洪水风险和制定应急转移方案提供技术支持(图6.2-1、图6.2-2、表6.2-1)。

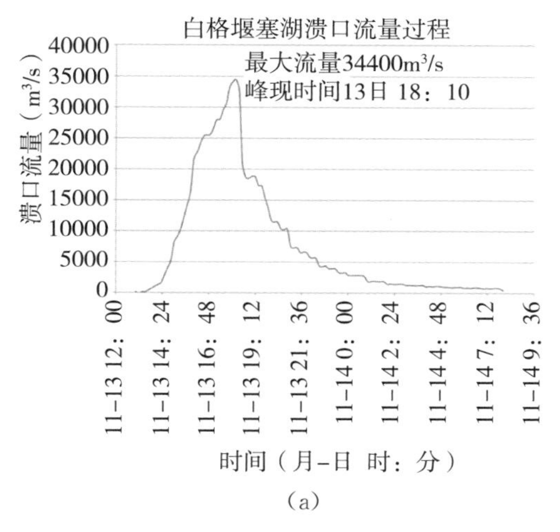

(a)

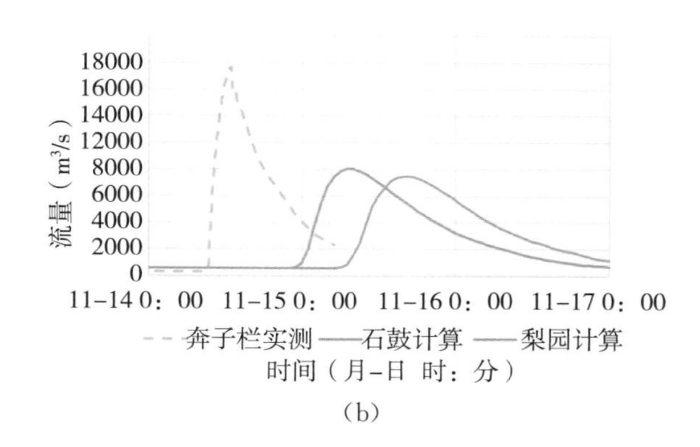

(b)

(c)

	最大流量（m^3/s）	峰现时间（月-日 时:分）
奔子栏镇	15700	11-14 13:00
石鼓	8000	11-15 9:00
梨园	7500	11-15 14:00

(d)

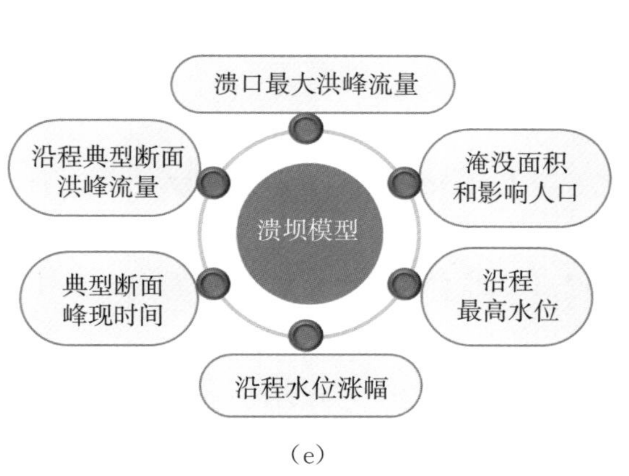

(e)

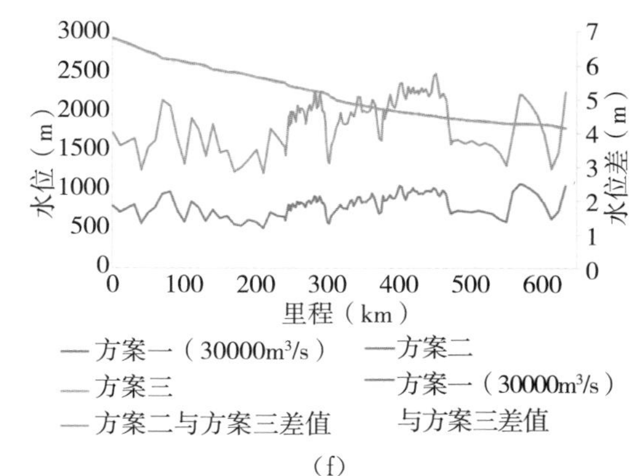

(f)

图 6. 2-1 白格—梨园溃坝及洪水演进模型

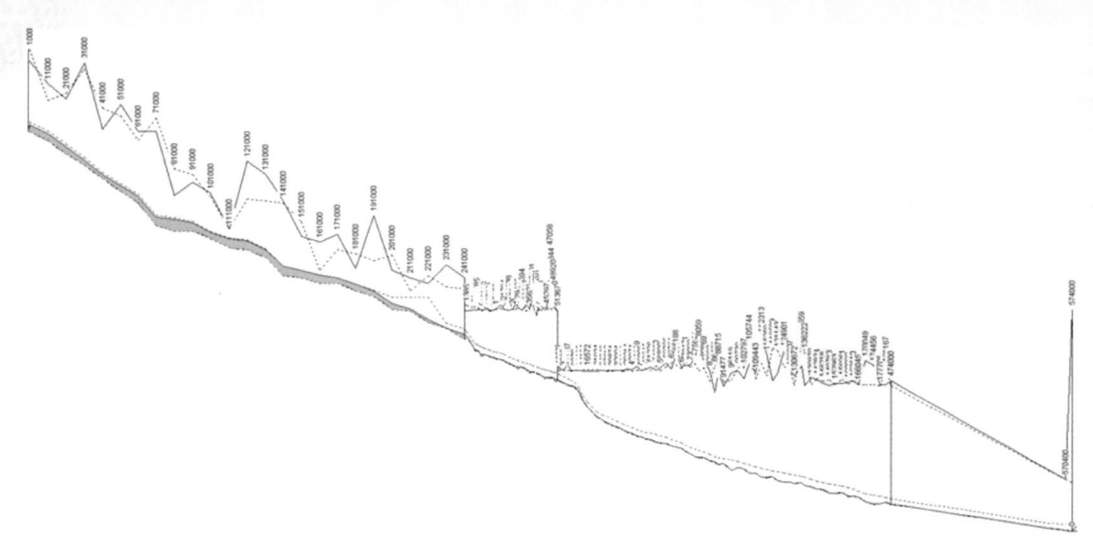

图 6. 2-2　下游洪水演进过程

表 6. 2-1　　堰塞湖下游洪峰、水位涨幅计算成果表　　（流量：m^3/s；水位：m）

断面	项目	距离（km）	方案一	方案二	方案三	最低水位	传播时间（h）
溃坝处	流量	0	25000～30000	22000～26000	19000～23000		
叶巴滩水电站	流量	56	23000～25000	19000～22000	16000～19000	2698.9	2～3
	水位		2725.8～ 2727.3	2722.6～ 2725.0	2719.9～2722.6		
	水位涨幅		27.0～28.5	24.0～26.0	21.0～24.0		
巴塘水文站	流量	190	19000～22000	16000～18000	13000～16000	2477.5	8～11
	水位		2494.0～2495.4	2492.5～2493.5	2490.8～2492.5		
	水位涨幅		16.5～18.0	15～16	13.5～15.0		
苏洼龙	流量	225	18000～21000	15000～17000	12000～14000		12～15
奔子栏水文站	流量	382	16000～19000	13000～15000	10000～12000	1999.3	25～28
	水位		2019.2～2022.0	2016.3～2018.3	2013.2～ 2015.3		
	水位涨幅		20.0～22.5	17.0～19.0	14.0～16.0		
石鼓水文站	流量	574	13000～16000	10000～12000	8000～10000	1818.5	42～45
	水位		1834.0～1837.0	1830.6～1833	1827.7～1830.6		
	水位涨幅		15.5～18.5	12.0～14.5	9.0～12.0		
梨园水库	入库流量	688	13000～16000	10000～12000	8000～10000		48～52

(2)溃堰洪水淹没分析

以10m开挖方案的下游沿程洪水位、洪峰流量等数据,并基于卫星影像,进行房屋、土地、道路等经济指标解译,计算了对应的人口、道路、房屋等指标的淹没范围及淹没损失,形成《金沙江白格堰塞湖溃决洪水及其风险分析报告》,供长江防总决策。

1)苏洼龙围堰破拆后土地与房屋淹没统计

按堰塞体溃决洪峰流量30000m^3/s、堰塞湖下游各水文站最大涨幅考虑,采用30m数字高程模型,生成白格堰塞体溃决后金沙江河段沿线约630km的水体淹没范围,分析统计西藏自治区、云南省、四川省境内涉及的居民点及其土地与房屋淹没面积。初步估算,堰塞湖溃决洪水淹没影响范围涉及甘孜藏族自治州、昌都地区、迪庆州与丽江市4个市、10个区县、140余个村庄,面积共约60km^2。受影响较大的居民点有竹园村、兴隆村等(图6.2-3)。

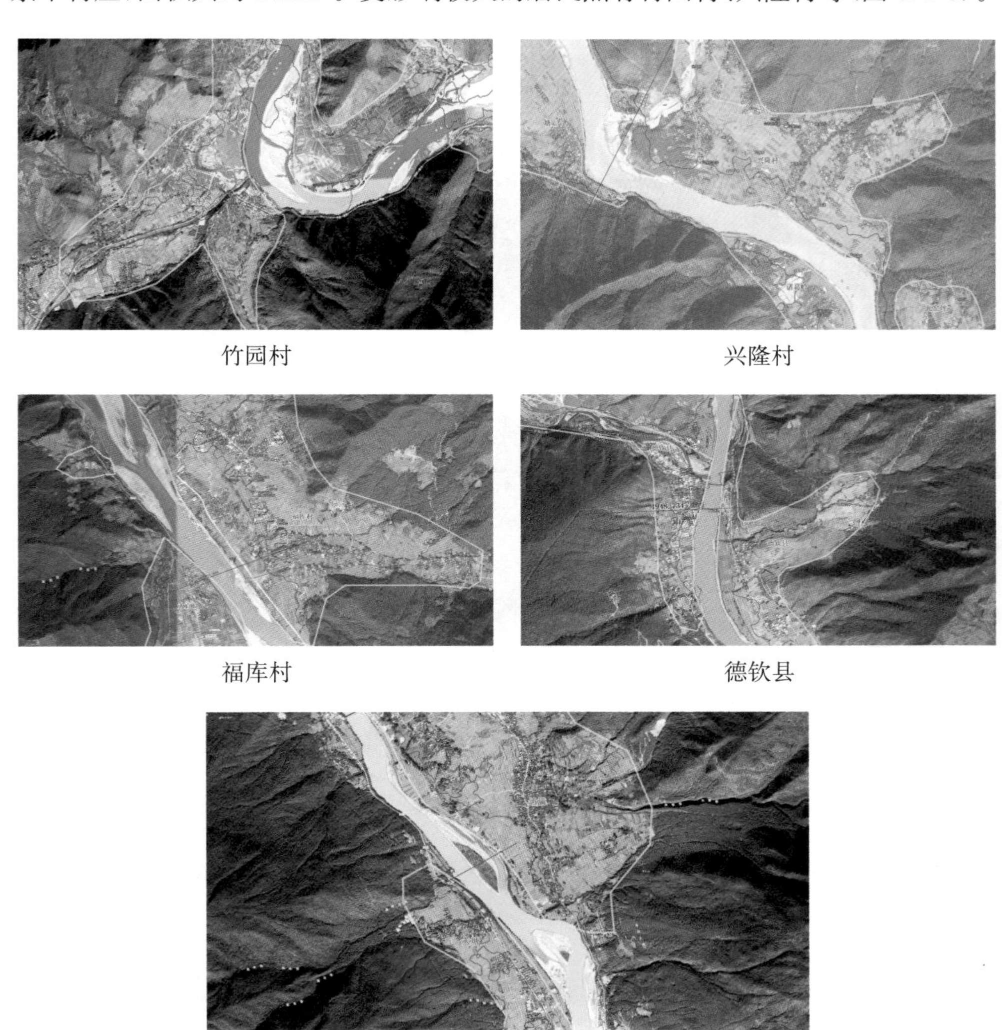

竹园村　兴隆村

福库村　德钦县

迪满

图6.2-3　受影响较大的居民点

2)堰塞湖库区回水土地与房屋淹没统计

从白玉县境内山体滑坡处为起点，金沙江上游 2966m 高程回水面淹没土地与房屋面积统计见表 6.2-2、图 6.2-4。

表 6.2-2　　堰塞湖库区淹没面积

居民点	行政区	土地与房屋淹没面积(万 m^2)
仁达	西藏自治区	2.76
宾达	西藏自治区	3.47
塔嘎	西藏自治区	1.77
才玛	西藏自治区	15.20
塔贡果园	西藏自治区	5.24
涅拉希	西藏自治区	8.09
波罗乡	西藏自治区	28.00
合计		64.53

图 6.2-4　堰塞湖库区淹没图

(3)堰塞湖应急避险人群分析

以土地与房屋淹没面积最大(5.49km^2)的金河村(位于云南省丽江市玉龙纳西族自治县,见图 6.2-5)为例,基于腾讯 LBS 大数据应用平台,分析了堰塞湖按洪峰流量 30000m^3/s 溃决后金沙江金河村河段洪水淹没范围内 2018 年 11 月 7 日 0 时至 11 月 8 日 21 时应急避险人群分布情况,以指导应急避险工作。金河村洪水淹没范围内约有 2000 多人,涉及云南、四川、贵州、广西、河南 5 个省、14 个地级市,其中 87%人群来自丽江市,丽江市的 94%人群又来自玉龙纳西族自治县,人群中又有 43%为女性,且多为年轻人。

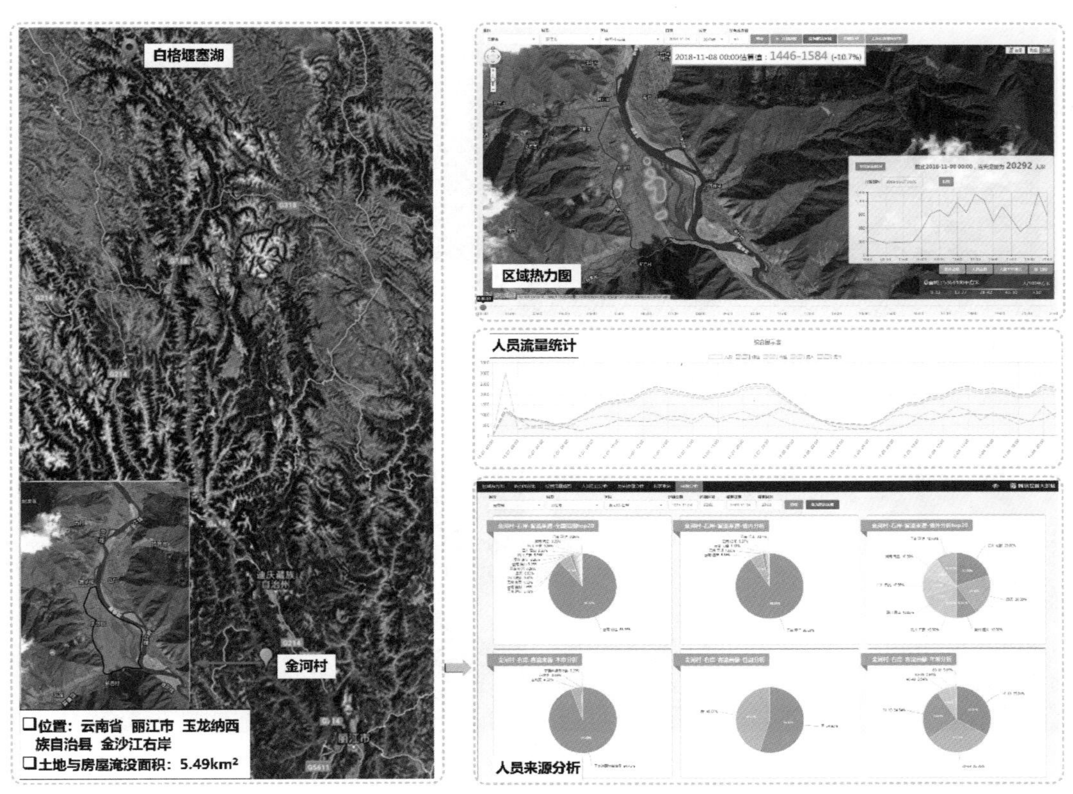

图 6.2-5 2018 年白格堰塞湖溃堰洪水应急避险技术应用场景

6.2.2 荆江分洪区模拟应用情况

防洪应急避险决策支持平台在融合雨情、水情、工情、险情、灾情等信息的基础上,提供防洪风险信息研判、避险要素提取,对风险人群识别预警跟踪,辨识安置容量动态变化、实时优化转移路径等分析计算功能模块,提供基于避险转移全要素、多场景的数据图谱,为应急避险决策提供技术支持。目前,防洪应急避险决策支持平台已集成于长江防洪调度平台,应用于长江流域荆江河段、嫩江齐齐哈尔河段和淮河沂沭泗流域(图 6.2-6)。

研究成果在长江流域荆江分洪区进行了示范模拟,搭建了应急避险平台,将避险要素点、线、面等几何实体进行封装，考虑空间、时态的拓扑结构及与其他对象的关系，在三维空间场景直观立体表现不同时刻的人员聚集、分批撤离及安置容纳状况等避洪转移全过程态势图谱，效果显著，可为提前预警重大洪灾风险、降低避险转移的成本提供重要的技术支撑，提升防洪应急避险的安全性和时效性，为形成我国防洪应急避险的系统性智慧技术解决方案打下了基础。荆江分洪区避洪转移示范系统展示效果见图 6.2-7 和图 6.2-8。

图 6.2-6　长江防洪调度平台

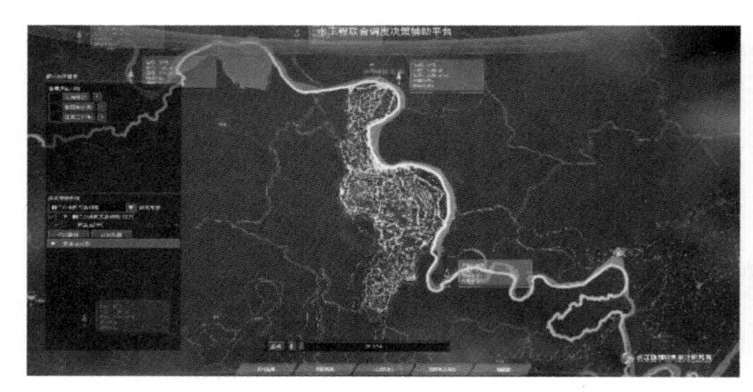

(a)人群热力图

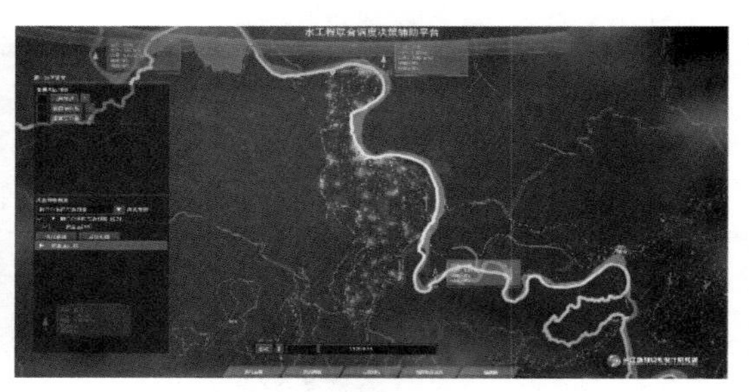

(b)转移热点图

(c)人员安置进展

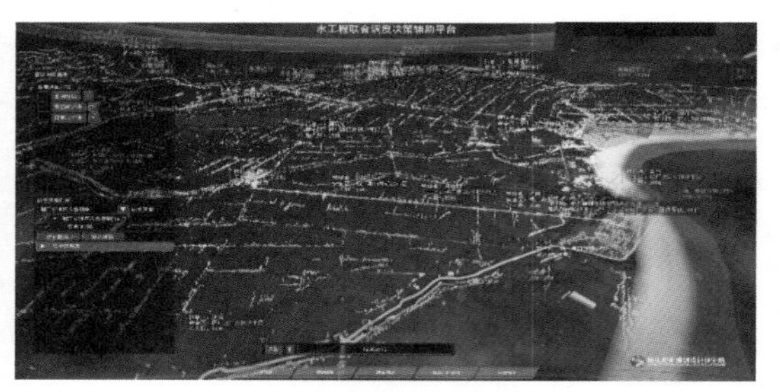

(d)人员转移进展

图 6.2-7　荆江分洪区应急避险平台效果示意图

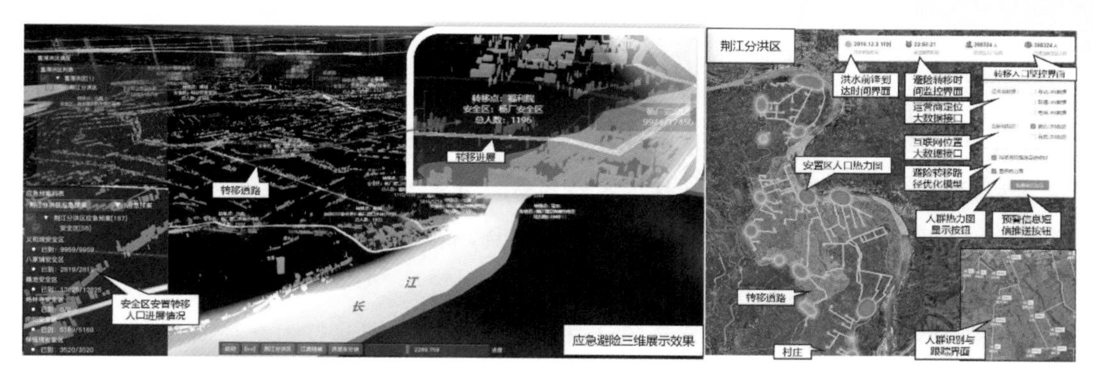

图 6.2-8　荆江分洪区应急避险平台效果示意图

6.2.3　应用效益

基于人群属性的应急避险技术具有重大的科学技术意义和工程应用推广价值，应用前景广阔。其中，适应不同分/漫/溃情景的水动力学模型快速构建与洪水风险动态评估技术已应用于长江流域洪水风险图编制、1954 年长江流域性大洪水防洪复盘演练及 2020 年长江流域性大洪水实时应对，决策支持作用明显、防洪效益显著。提出的无资料、多碍洪构筑物的山区性河流洪水过程模拟方法，已应用于重庆綦江、黄山歙县 2020 年洪水过程精细复盘推演，为其灾后重建提供了有力的技术支撑，取得了良好的社会效益和经济效益。

“基于人群属性的应急避险智慧解决方案”已入选《2020 年度水利部智慧水利优秀应用案例和典型解决方案推荐目录》《水利先进实用技术重点推广指导目录》，获得水利先进实用技术推广证书。通过升级现有应急避险技术，推进应急避险能力现代化，为应急指挥工作中的指挥决策者、各有关部门以及具体行动人员，提供了基于人群属性动态反馈驱动的指挥调度服务，为解决精准有效防洪应急避险问题提供强有力的技术支撑，提升对极端洪水应急避险组织管理和实施能力，更有效地减轻极端洪水灾害造成的人员伤亡、财产损失，产生巨大的社会效益。项目的实施推动了防洪应急避险措施关键技术攻关，促进了防洪应急避险技术进步。

目前，该技术已成功应用于 2018 年金沙江白格堰塞湖应急处置和下游防洪避险转移，为堰塞湖风险评估和人群应急转移提供了有力的信息支撑，有效保障了沿江人员的安全，极大限度地降低了经济损失，被长江水利委员会水旱灾害防御局、云南省水利厅、西藏自治区水利厅、四川省水利厅证明社会效益显著。研究成果在荆江分洪区、洪湖东分块、钱粮湖垸等蓄滞洪区进行了示范模拟，实现了避险转移方案动态规划及转移情况监控与评估，效果显著，可为提前预警重大洪灾风险、降低人群避险转移成本提供重要的技术支撑，提升防洪避险转移安置的安全性和时效性，为形成防洪避险系统性智慧解决方案打下了基础。

6.3 应急避险智慧解决方案的业内评价

基于人群属性的应急避险技术科技成果取得了重大突破创新，在国内、外首次提出了基于人群属性实时反馈驱动的避险转移技术和智慧解决方案，突破了应急避险技术瓶颈，研发了具有自主知识产权的防洪应急避险决策支持平台，提高了极端洪水避险防控能力，推动了应急避险相关学科基础理论研究和工程应用关键技术攻关，为流域、区域及局地复杂水工程运行条件下高效精准应对极端洪水提供了技术支撑。根据湖北技术交易所于 2021 年 2 月 27 日正式出具的科技成果评价报告及鉴定意见，本项目科技成果整体处于国际领先水平，获湖北省科技成果登记证书。根据行业现状及湖北省科技信息研究院查新检索中心(国家一级科技查新咨询单位、国家发明奖项目查新单位)2020 年 11 月 6 日对本项目的查新情况，本项目的关键技术及创新点在国内、外均未有相同或类似的文献报道，研究成果行业技术领先。

第7章 结 语

7.1 结论

针对传统避洪手段存在的防洪风险动态识别与预警能力不足、风险人群识别追踪落后、实时洪灾避险路径优化技术匮乏、防洪避险智慧决策支持平台缺乏等“卡脖子”技术问题，基于空天地多源信息获取与融合为基础，研发了可适应不同分/漫/溃情景的洪水风险快速建模与研判技术；基于多源实时LBS、采取大数据、云计算等手段，研发了风险人群精准识别、快速预警与实时跟踪技术及方案流程；基于优化算法和GIS等技术，研发了洪水风险区人口避险转移路径实时动态优化技术；融合以上技术，采用微服务架构，提出了超标准洪水应急避险转移决策支持技术。研究成果在长江流域荆江分洪区进行了示范模拟，效果显著，可为提前预警重大洪灾风险、降低避险转移的成本提供重要的技术支撑，提升防洪应急避险的安全性和时效性，为形成我国防洪应急避险的系统性智慧技术解决方案打下了基础。

7.2 创新点

①提出了适应不同分/漫/溃情景的水动力学模型快速构建与洪水风险动态评估技术，可动态确定不同分洪、溃口、漫溢位置及规模下的避洪转移范围和洪峰到达时间、淹没深度、淹没历时等风险要素。

②研发了对洪水风险区域内不同属性人群的精准识别、快速预警和实时跟踪技术，可满足避险转移时间、路线、安置点等信息的快速实时传递。

③研发了人口避险转移路径、安置点等安置方案的动态优化技术，提高了转移安置的实时性、时效性和有效性。

④研发了基于人群属性动态反馈驱动的防洪应急避险决策支持平台，实现了应急避险全过程、全要素的实时精准调度与智慧管理，促进了我国洪水风险应急避险与转移安置技术的进步。

参考文献

[1] 黄艳，李昌文，李安强，等．超标准洪水应急避险决策支持技术研究[J]．水利学报，2020,51(7):805-815.

[2] 李昌文，黄艳，严凌志．变化环境下长江流域超标准洪水灾害特点研究[J]．人民长江，2022，53(3):29-43.

[3] 黄艳，喻杉，罗斌，等．面向流域水工程防灾联合智能调度的数字孪生长江探索[J]．水利学报：2022，53(3):1-17.

[4] 黄艳，李昌文，李安强，郝振纯，闵要武，任明磊．变化环境下流域超标准洪水综合应对研究[J]．人民长江，2021，52(4):12-21.

[5] 李昌文，李安强，黄艳，等．流域超标准洪水特点回顾性研究[J]．人民长江，2020，51(10):12-19.

[6] 刘浏，胡昌伟，徐宗学，等．情景分析技术在未来太湖水位预见中的应用[J]．水利学报，2012，43(4):404-413.

[7] 张晓雷，夏军强，陈倩，等．生产堤溃决后漫滩水流的概化模型试验研究[J]．水科学进展，2018，29(1):100-108.

[8] 假冬冬，陈诚，牛晨曦，等．岸滩侧蚀崩塌速率的试验量测方法[J]．水科学进展，2018，29(4):537-542.

[9] 吕立群，王兆印，徐梦珍，等．怒江泥石流扇地貌特征与扇体堵江机理研究[J]．水利学报，2016，47(10):1245-1252.

[10] 张向萍，江恩慧，李军华．黄河下游宽滩区洪涝灾害物理暴露量研究[J]．人民黄河，2020，42(7)：23-27，76.

[11] 李超超，程晓陶，王艳艳，等．洪涝灾害三参数损失函数的构建Ⅰ——基本原理[J]．水利学报，2020，51(3):349-357.

[12] 房永蔷．中国洪泛区社会经济发展对洪水暴露性的影响研究[D]．上海:上海师范大学，2019.

[13] Rubinato Matteo，Nichols Andrew，Peng Yong，et al. Urban and river flooding：Comparison of flood risk management approaches in the UK and China and an assessment of future knowledge needs[J]. Water Science and Engineering，2019，12(4):

274-283.

[14] 魏山忠．新时期长江防洪减灾方略[J]．人民长江，2017，48(4)：1-7.

[15] 丁志雄，李娜，俞茜，等．国家蓄滞洪区土地利用变化及国内外典型案例分析[J]．中国防汛抗旱，2020，30(6)：36-43.

[16] 刘宁．大江大河防洪关键技术问题与挑战[J]．水利学报，2018，49(1)：19-25.

[17] 顾培根．水库超蓄临时淹没处理问题研究[D]．北京:华北电力大学(北京)，2018.

[18] 张永领．公众洪灾应急避险模式和避险体系研究[J]．自然灾害学报，2013，22(4)：227-233.

[19] Zhang D F, Shi X G, Xu H, Jing Q N, et al. A GIS－based spatial multi－index model for flood risk assessment in the Yangtze River Basin, China[J]. Environmental Impact Assessment Review，2020，83：106397.

[20] 于汪洋，江春波，刘健，等．水文水力学模型及其在洪水风险分析中的应用[J]．水力发电学报，2019，38(8)：87-97.

[21] 刘翠娟，刘箴，柴艳杰，等．人群应急疏散中一种多智能体情绪感染仿真模型[J]．计算机辅助设计与图形学学报，2020，32(4)：660-670.

[22] 戴骏辉．上海市区级政府防汛应急管理能力建设研究[D]．上海:中共上海市委党校，2019.

[23] 昝军军．山洪灾害应急应对模式及平台研究[D]．西安:西安理工大学，2017.

[24] 韩延彬，刘弘．一种基于疏散路径集合的路径选择模型在人群疏散仿真中的应用研究[J]．计算机学报，2018，41(12)：2653-2669.

[25] 公安县防汛抗旱指挥部办公室．荆江分洪区运用预案[R]．公安，2019.

[26] 荆州区防汛抗旱指挥部，松滋市防汛抗旱指挥部．涴市扩大分洪区运用预案[R]．公安，2019.

[27] 公安县防汛抗旱指挥部办公室．虎西预备分蓄洪区运用预案[R]．公安，2019.

[28] 湖北省水利水电规划勘测设计院，华中科技大学．湖北省荆江分洪区洪水风险图编制报告[R]．武汉，2015.

[29] 陆霞．基于LBS云平台的微信小程序二维码区域定位系统设计[J]．现代电子技术，2020，43(4)：180-182，186.

[30] 刘熠．森林火灾应急指挥数据通讯系统研究与应用[D]．长沙:中南林业科技大学，2015.

[31] 赵士达，张楠．面向手机终端的地震灾害信息服务系统[J]．中国应急救援，2015，53(5):20-24.

[32] 欧阳籽勃，陈云峰，宋志丹．基于高精度北斗组合定位电子围栏技术研究及应用[J]．卫星应用，2019，85(1):32-33，36-39.

[33] 洪洋．基于大数据的“电子围栏”式的共享单车服务系统的设计[J]．信息与电脑(理论

版)，2020，32(2)：85-87.

[34] 征程，王山东，毛泽红，等.洪灾避险安置区与转移单元匹配[J]. 地理空间信息，2016，14(7):45-46.

[35] 王婷婷. 洪灾避险转移模型及应用[D]. 武汉:华中科技大学，2016.

[36] 吴正言，付海军. 基于改进 CCRP 的区域性交通拥堵疏导算法[J]. 中国管理信息化，2019，22(21):167-169.

[37] 陈思,高山. 地图服务引擎中虚拟电子围栏的实现方法[J]. 地理空间信息,2020,18(1):81-84.

[38] 唐科萍，许方恒，沈才樑. 基于位置服务的研究综述[J]. 计算机应用研究，2012，29(12)：4432-4436.

[39] 李锐. 基于位置服务的信息隐私保护研究[D]. 成都:电子科技大学，2019.

[40] 王建宇. 基于位置服务关键技术的应用研究[J]. 科技创新与应用，2016(16):87.

[41] 哈吉德玛. 基于位置服务(LBS)的应用研究[J]. 现代信息科技，2019，3(4)：61-62.

[42] 常春慧. 基于百度热力图的城市洪灾应急物资需求估算与调度[D]. 武汉:武汉理工大学，2020.

[43] 张艺瑶. 基于大数据法及空间句法的浙大紫金港校区校园空间使用分析[D]. 杭州：浙江大学，2016.

[44] 金探花. 基于 LBS 数据的城市人群画像研究[D]. 南京:东南大学，2019.

[45] 于淼. 基于 LBS 的个性化推荐系统的研究与设计[D]. 北京:北京邮电大学，2015.

[46] Brunsdon C，Fotheringham A S，Charlton M. Geographically weighted regression：a method for exploring spatial nonstationarity[J]. Geographical Analysis，1996，28(4)：281-298.

[47] Fotheringham A S，Brunsdon C，Charlton M. Geographically weighted regression：the analysis of spatially varying relationships[M]. UK：John Wiley & Sons，2002.

[48] 马兰. 连片贫困问题的地理加权回归分析[D]. 武汉:华中科技大学，2018.

[49] 赵大地. 基于 GTWR 模型的人口空间化方法研究[D]. 成都:西南财经大学，2019.